Cannon & Artillery Operation

現代陸上戦
火砲・弾薬・砲兵
運用マニュアル

あかぎ ひろゆき 著

かの よしのり 監修

●注意

(1) 本書は著者が独自に調査した結果を出版したものです。

(2) 本書は内容について万全を期して作成いたしましたが、万一、ご不審な点や誤り、記載漏れなどお気付きの点がありましたら、出版元まで書面にてご連絡ください。

(3) 本書の内容に関して運用した結果の影響については、上記(2)項にかかわらず責任を負いかねます。あらかじめご了承ください。

(4) 本書の全部または一部について、出版元から文書による承諾を得ずに複製することは禁じられています。

(5) 本書に記載されているホームページのアドレスなどは、予告なく変更されることがあります。

まえがき

　火砲という武器は、かのナポレオンをして「今後、軍事力の強弱は歩兵の大隊数ではなく、むしろ火砲の門数である」といわしめたほどの存在である。また、ナポレオンは砲兵についても「歩兵が優秀であればあるほど、その損耗を減らすために、優秀な砲兵をもって支援しなくてはならない」と述べた。1809年のワグラム会戦後でのことだ。

　それ以降、火砲と砲兵はますます発達して今日に至っている。その事実からすれば、彼は後の陸戦における火力戦闘を予見していたといってよいだろう。

　さて「2022年ロシアによるウクライナ侵攻」は、本稿執筆中の現在もなお、決着を見ていない。この戦争では、クワッド・ローター式の市販ドローン改造型無人攻撃機などが両軍で多数用いられ、無視できない戦果を上げている。このため、

無人攻撃機・ドローン万能論を主張し、火砲は時代遅れで不要、という人も多い。

　しかし、ドローンはいまだ発展途上であり、決して万能ではない。また、歩兵のように敵陣地などの重要目標を占領することも不可能だ。これに対し火砲は、歩兵の支援火力として陸戦に不可欠な存在であり、両軍とも多数の火砲を運用しているのが現状なのだ。

　本書では、まだまだ現代戦で重要な火砲と砲兵について、豊富な写真や図解を用いて平易な解説に努めた。初心者向けではあるが、コアな軍事マニア諸氏の復習にも役立つなら、著者として幸いである。

2024年8月　著者記す

CONTENTS

まえがき……………………………………………………3

第1章
火砲とはなにか？　砲兵とはなにか？　　9

1-1　火砲の定義～火砲とはなにか………………………10
1-2　砲兵とはなにか………………………………………13
1-3　火砲の種類と分類……………………………………15
1-4　榴弾砲と戦車砲、ロケット弾発射機はどう違う？………23
1-5　なぜ火砲が必要か～火砲の存在意義とは………………25

第2章
火砲と砲兵の歴史　　27

2-1　火薬の発明と火砲の起源……………………………28
2-2　中世「前装式火砲の出現」……………………………30
2-3　近世「グリヴォーバルとナポレオン、砲兵運用の確立」………32
2-4　近代「後装式火砲の実用化と無煙火薬の発明」…………37
2-5　第一次世界大戦「砲兵火力の限界と塹壕戦」……………39
2-6　第二次世界大戦「自走砲の実用化とVT信管の登場」………41
2-7　第二次世界大戦後～現代の火砲「自走化と弾薬の進歩」……43
コラム　ロシア連邦軍VSウクライナ軍 両軍の火砲と砲兵………46

第3章
火砲の構造および機能　　　　　　51

3-1	火砲の構造および各部の名称（例）	52
3-2	火砲の砲身（製造技術、構造および機能）	53
3-3	俯仰装置	58
3-4	平衡機	59
3-5	駐退機と複座機、駐退複座装置	61
3-6	閉鎖機の構造と機能	63
3-7	砲架・揺架の構造と機能	67
3-8	脚および駐鋤の構造と機能	69
3-9	方向装置・操向装置・車輪	71
3-10	照準装置・射撃指揮装置（FCS）	73
3-11	牽引車の構造および機能	75
3-12	ロケット弾発射機と弾薬の構造および機能	78

CONTENTS

第4章
火砲弾薬の構造および機能   81

4-1 火砲弾薬（榴弾）の各部名称（本体および信管）⋯⋯ 82

4-2 火砲弾薬の構造および機能 ⋯⋯ 86

4-3 火砲の「装薬と炸薬」（作用と組成）⋯⋯ 88

4-4 榴弾砲用発射装薬の構造および機能 ⋯⋯ 91

4-5 その他の弾薬・ロケット弾の構造および機能 ⋯⋯ 94

4-6 不発弾の捜索および処理、敵弾薬の鹵獲と利用 ⋯⋯ 96

第5章
砲兵部隊の編成および開戦後の行動   99

5-1 砲兵部隊の編制 ⋯⋯ 100

5-2 砲兵部隊の行軍と機動展開 ⋯⋯ 104

5-3 砲兵部隊の展開地開設と内部配置の準備 ⋯⋯ 110

5-4 射撃陣地の構築と砲列布置 ⋯⋯ 113

5-5 砲兵部隊の戦闘準備 ⋯⋯ 116

第6章
砲兵部隊の射撃と各種戦術行動　　　　119

6-1　現代の砲兵と戦闘教義（ドクトリン）──────120

6-2　砲兵の各個戦術（測量および測量機材の概要）──123

6-3　砲兵の各個戦術（弾着観測および観測機材）───129

6-4　砲兵の各個戦術（火砲の照準、射向の付与）───132

6-5　対空戦闘──────────────────136

6-6　砲兵の各個戦術（射撃目標の標定〜航空標定から音源標定まで）──141

6-7　対砲迫レーダー───────────────145

6-8　砲兵の部隊戦術（空中機動〜ヘリコプターと輸送機による空輸）──148

6-9　砲兵の部隊戦術（試射の実施と修正射、効力射）──151

6-10　砲兵の部隊戦術（効力射における各種の射撃要領）──155

6-11　砲兵の部隊戦術（FDC の射撃指揮）──────163

コラム　中国軍 VS 台湾軍 両軍の火砲と砲兵──────166

コラム　韓国軍 VS 朝鮮人民軍 両軍の火砲と砲兵────171

CONTENTS

第7章
砲兵部隊の兵站と教育訓練　　175

7-1　砲兵の兵站と教育訓練 ⋯⋯⋯⋯⋯⋯⋯⋯⋯⋯⋯⋯⋯⋯⋯⋯⋯⋯⋯⋯ 176

7-2　火砲の研究開発と部隊配備～火砲の国際共同開発とFH70 ⋯⋯⋯ 182

7-3　火砲弾薬の補給（保管・交付・受領）⋯⋯⋯⋯⋯⋯⋯⋯⋯⋯⋯⋯ 184

7-4　火砲弾薬の製造 ⋯⋯⋯⋯⋯⋯⋯⋯⋯⋯⋯⋯⋯⋯⋯⋯⋯⋯⋯⋯⋯⋯ 187

コラム　イスラエル軍 VS ハマス 両軍の火砲と砲兵 ⋯⋯⋯⋯⋯⋯⋯⋯ 191

あとがき ⋯⋯⋯⋯⋯⋯⋯⋯⋯⋯⋯⋯ 194

主要参考文献 ⋯⋯⋯⋯⋯⋯⋯⋯⋯ 195

索引 ⋯⋯⋯⋯⋯⋯⋯⋯⋯⋯⋯⋯⋯ 196

第1章
火砲とはなにか？
砲兵とはなにか？

　なぜ火砲は英語で「アーティラリー」と呼ばれるのか？　そもそも、火砲とはどのような武器なのだろうか？　本章では、火砲と砲兵の定義や分類方法、日本語および外国語における火砲と砲兵の呼称などについて解説する。

「155mm榴弾砲M198」による発射の瞬間をとらえた1枚（写真：米海兵隊）

1-1
火砲の定義
～火砲とはなにか

　日本では、世間一般に火砲を「大砲」という。では、火砲と大砲はなにがどう違うのか。実は、どちらも同じものである。**火砲とは、大砲の学術的な呼び方であり、自衛隊や防衛産業界、軍事評論家や軍事雑誌社以外では、マニアしか使わない軍事用語であろう。**ならば、大砲に対して「中砲」とか「小砲」というものは存在するのだろうか？
　歩兵などが使うライフルを「小銃」と呼ぶが、戦国時代から江戸時代にかけて「大銃」という大口径の火縄銃があった。この大銃は人が抱えて撃てるものもあるが、車輪つきの大きなものを指す。これは、一般的に「大筒（おおづつ）」として知られている（**写真1-1**）。大銃は、「合武三島流船戦要法」でも述べているように、大銃にせよ大筒にせよ、当時の日本や中国では「小さなものが銃」で「大きなものが砲」という区別はなかったのだ。
　この大筒とは別に、地上に据えつけて使う、とても個人では携行できない大砲があった。だが、大砲は存在しても、中砲や小砲と呼ぶものはない。ただし、口径が203mm級の榴弾砲を「重砲」と呼ぶときは、これよりも口径が小さい155mm級の榴弾砲を「中砲」、さらに口径が小さな105mm級の榴弾砲を「軽砲」と表現し、区別することはある。

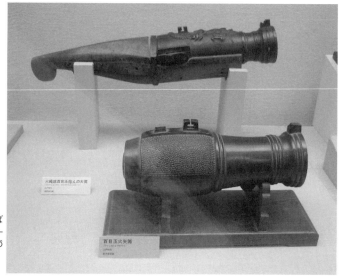

写真1-1 「大銃」とも呼ばれた、大口径の火縄銃。一般的には「大筒（おおづつ）」として知られる
（出典：Wikipedia）

さて、次に「火砲とはなにか？」ということになるのだが、実のところ明確な定義はない。世界的に権威のある、英国戦略研究所が毎年刊行している「The Military Balance」では、火砲を「口径100mm以上の間接照準で射撃を行う加農砲、榴弾砲、多連装ロケット弾発射機および迫撃砲」と定義している。

さらに、「これは欧州通常兵器制限条約（CFE）の合意内容と同じである」との但し書きがある。この条約では、昔の日本陸軍が使用した「三八式野砲」は口径75mmなので、「火砲ではない」ことになってしまう。もちろん、三八式野砲が火砲でないわけがない。この条約でいう火砲は、冷戦時代の政治的な定義というわけだ。

一方、日本の「武器等製造法」という法律では、口径20mm未満の火器を「銃」、それ以上の口径をもつ火器を「砲」と定義している。ちなみに、昔の日本海軍は口径が20mm以上あっても「機銃」と称したが、現代の海上自衛隊では「機関砲」という。だが、英語では、銃も砲も「GUN」と呼ぶ。

そして、「火器（英語でFire Arms）」とは、火薬の力でタマ（Projectile＝飛翔体の意味）を飛ばす武器だ。また、「武器（Arms）」とは人員の殺傷や物の破壊を目的とした「兵器（Weapon）」である。さらに兵器とは、武器を含む車両・航空機・艦艇その他の装備品、資材や機材をひっくるめたものだ。

したがって、本書で扱う榴弾砲などの火砲は「口径20mm以上で、大口径かつ大型の火器」だといえるだろう。だから、**電磁力でタマを飛ばす「電磁砲」、いわゆるレールガンは火砲に含まれない**（**写真1-2**）。

ここで、火砲の日本語および外国語での名称・表現の違いなどについて考察してみよう。昔の日本陸軍と海軍では、火砲の呼び方が異なっていた。たとえば、「**砲熕武器**」という表現がそうである。

これは、艦艇に搭載されている火砲のことだが、昔の日本陸軍や陸上自衛隊では、砲熕武器という表現は使わない。軍事マニア諸氏にしても、艦砲と呼ぶほうがわかりやす

写真1-2　電磁砲（レールガン）の洋上射撃試験を捉えた1枚。「試験艦あすか」に搭載して射撃したものと思われる
（写真：防衛装備庁）

写真1-3 無反動砲の例。歩兵が携行できるサイズと重量なので、「軽火器」という呼び方もする
(写真:陸上自衛隊)

いだろう。本書の監修者「かの よしのり」氏によると、この「熕」という漢字は、中国でもまず見ないという。歴史上、この漢字が唯一使われているのが「熕船」という語句だ。これは、江戸時代の初期、台湾を拠点に清と戦った鄭成功の軍船である。

　なぜ、明治の日本海軍が砲熕という語句を使いだしたか謎だが、熕という漢字は、日本で作られたのではないか？といわれているそうだ。

　ちなみに日本や台湾では、砲という漢字を使用しているが、大陸の中国では簡体字で「炮(パオ)」と書く。

　また、火砲を大きさや重量で区分するとき、「軽火器」に対して「重火器」という表現をすることがある。軽火器とは、拳銃や小銃などを意味する「小火器(＝Small Arms)」に加え、個人で携行できる84mm無反動砲や携帯型のロケットランチャーおよび対戦車ミサイルなどを含めたものを指す(**写真1-3**)。60mm級の小型軽量な迫撃砲も軽火器の範疇だが、小火器に対して「大火器」とはいわない。

　一方で重火器は、とても個人で扱えない大きさと重量の火器で、榴弾砲はもちろん、口径が120mm級の重迫撃砲もこれに該当する。この重火器、英語でHeavy Weaponとは呼ぶが、ヘビー・アームズとはいわない。さらに、ヘビー・ウエポンを直訳すれば重兵器となるが、日本の軍事用語には存在しない語句なので、重火器と呼んでいるのだ。ところで、「銃」という漢字は中国由来だが、金槌の柄を差し込む穴を意味する。一方、「砲」は投石機の意味であった。しかし、現代の中国では銃という漢字は使わずに、「槍」と表現する。日本でいう拳銃は「手槍(シュウチャン)」だし、小銃(ライフル)は「歩槍(ブーチャン)」だ。砲も、前述したように「炮(パオ)」と書く。

　このように、銃と砲の区別は一様ではない。国により、時代により異なるものである。したがって、条約など法律上における火砲の定義は、学術上の定義と異なっているのは普通のことだ。そもそも学術的に火砲を厳密に区別できないので、火砲には「明確な定義はない」のである。

1-2 砲兵とはなにか

　砲兵とは読んで字の如し、火砲を扱う兵士のことだ。砲兵には、ほかに「ロケット弾発射機」や各種の「ミサイル」などを扱う兵士も含まれる。軍隊において、陸軍の職種を表す「兵科」では、「砲兵科（陸上自衛隊の場合は「特科」）」として区分されるが、歩兵科に次ぐ序列で扱われることが多い。砲兵は、部隊が装備している火砲を用いて戦う「戦闘兵科」だが、厳密にいえば「戦闘支援兵科」である（写真1-4）。
　なぜなら、歩兵科以外のすべての兵科は、歩兵の作戦行動（とりわけ戦闘）を支援するために存在する、といっても過言ではないからだ。「砲兵火力を発揮することにより、歩兵部隊の戦闘を支援すること」これこそが、砲兵の存在意義だといえるだろう。
　さて、砲兵は「野戦砲兵（Field Artillery）」と「防空砲兵（Anti-air Artillery、国により対空砲兵とも呼ぶ）」に大別される。なお、陸上自衛隊では前者を「野戦特科」、後者を「高射特科」と呼ぶ（写真1-5）。自衛隊の特科や外国軍の砲兵は、新兵教育時に軍隊組織の中だけで通用する砲兵としての「特技」を取得する。これを陸上自衛隊では「MOS」と呼

写真1-4　「155mm榴弾砲M777」を射撃中のオーストラリア軍砲兵。文字どおり、火砲を用いて戦うのが「砲兵」だ（写真：オーストラリア陸軍）

写真1-5 陸上自衛隊の「野戦特科」を示す、職種き章。制服の襟部分に着用するが、戦闘服にはつけない（写真：陸上自衛隊）

ぶが、特技というより資格と呼んだほうがわかりやすいだろう。

この特技だが、米軍の砲兵であれば新兵教育が終わると「Artillery, Basic」という特技が付与される。これは直訳すれば「基本（初級という意味）砲兵」となるが、その後、伍長などの下士官に昇任していくに従い「中級砲兵」、「上級砲兵」といったように、階級と勤務年数に応じて上位の特技を取得しなくてはならない。

自衛隊や他国軍も、米軍に類似したシステムであり、この砲兵としての特技をもっていれば「砲兵」と呼べるのだ。つまり、人事の都合で歩兵部隊に転属しようと、工兵部隊に転属しようと、その兵士の兵科は「砲兵科」であり、特技さえあれば火砲も扱えるのである。

1-3 火砲の種類と分類

ひと口に火砲といっても、その形状はもちろん、各々の大きさや重量も異なれば、構造・機能や射程も違う。では、現代の火砲には、どのような種類のものがあるのだろうか。まず、構造・機能や用途で火砲を分類すれば、「機関砲」・「戦車砲」・「無反動砲」・「迫撃砲」・「加農砲」・「榴弾砲」・「ロケット弾発射機」などがある。

このうち、「機関砲」はおもに防空砲兵が敵機を射撃するための火砲であり（写真1-6）、「戦車砲」は戦車などに搭載される火砲だ（図1-1）。「無反動砲」は、敵戦車や陣地の射撃を目的とした火砲で、射撃時は砲の後部から猛烈な発射ガスをだして反動を相殺する（図1-2）。

これらの火砲は、いずれも見通し線上に存在する目標を狙って撃つ「直接照準射撃（後述）」を行う。本書では、主として榴弾砲について解説しているので、「機関砲」・「戦車砲」・「無反動砲」については言及しない。

さて次は「迫撃砲（英語でMortar、フランス語読みでMortier（モルター）」だが、これは中世から近世にかけて使われた「臼砲」を原型とする火砲である。「臼砲」は、文字どおり臼のように

写真1-6　機関砲の例。陸上自衛隊の退役装備「35mm高射機関砲L-90」

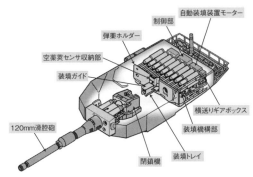

図1-1　戦車砲の例。陸上自衛隊の90式戦車が搭載する「Rh120戦車砲」。ドイツのラインメタル社が開発したものを、日本製鋼所がライセンス生産した

ずんぐりとした、太く短い砲身の火砲だ。射程こそ短いが、山なりの弾道で敵の頭上に砲弾を落とせることから、数百年も前は攻城砲として使われた。

しかし、射程が短すぎるのが難点で、いつしか「臼砲」は廃れてしまう。その後、第一次世界大戦時の塹壕戦で、「臼砲」は「迫撃砲」として復活する。英国のストークスとフランスのブラントが、臼砲を近代的な構造で「再設計」し、現代に至っているのだ。今日では、「迫撃砲」といえば、ほぼ例外なく「ストークス＆ブラント式」のものを指す（**写真1-7**）。

「加農砲（英語読みで「Cannon」、フランス語だと「カノン」）」は、**口径の30倍以上という長砲身の火砲で、図1-3のようにフラットな低伸弾道を描く**。これに対して「榴弾砲（英語読みで「Howitzer」）は、「加農砲」よりも砲身が短く、口径の10倍～20倍程度の火砲だ**。弾道は、「加農砲」よりも上向きの角度で弧を描く。しかし、こうした火砲の分類は、数百年も昔にできたものだ。

現代では、射程を伸ばすために砲身が長くなり、「榴弾砲」と「加農砲」の区別がつかなくなった。「加農砲」も砲身の仰角を上げて撃つことはある。

図1-2　無反動砲の例。この無反動砲は、歩兵が携行できるサイズと重量のもので、より大口径の車載式無反動砲は廃れている（図版：防衛装備庁）

写真1-7　迫撃砲の例。写真は英国が開発した「81mm迫撃砲L16」で、陸上自衛隊もライセンス生産している（写真：防衛省）

そもそも**榴弾とは弾薬の一種であり**、柘榴の実が弾けるように砲弾が炸裂する様子から、そう呼ばれるようになった。現代では、火砲の種類に関わらず榴弾を使用するのだから、「榴弾砲」という訳語も適切ではなくなっている。

榴弾砲を英語でHowitzer（ハウザー）と呼ぶが、15世紀のフス戦争で使われた火砲をチェコ語でhoufnice（ホウフニッサ）といい、これが語源となっている。ちなみにドイツ語では、Haubitze（ハウビッツェ）という。また、日本陸軍もそうだったが、戦後の陸上自衛

火砲の種類と分類

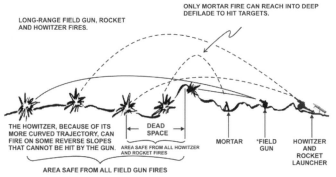

図1-3 迫撃砲・野砲・榴弾砲およびロケット弾発射機による間接照準射撃のイメージ。火砲の種類により、弾道の射角（高低角）が異なることがわかる。（図版：米陸軍教範より）

隊でも榴弾砲と書いて「りゅうだんほう」とは読まない。ハ行の破裂音である「パピプペポ」の「ポ」を用いて「りゅうだんぽう」と読む。

　その「榴弾砲」を大きさ・重量・口径で分類すれば、203mm級の榴弾砲を「重砲」、155mm級を「中砲」、105mm級を「軽砲」と呼ぶ。現代では米軍やNATO軍、自衛隊など西側諸国（冷戦時代の呼び方）における榴弾砲の口径は、105mmおよび155mmが主流である（さらに大口径の203mm榴弾砲も存在するが、各国軍では退役しつつあるのが現状だ）。

　これに対してロシア連邦軍やウクライナ国防軍など、旧東側諸国では口径122mmおよび152mmが主流となっている。ちなみに陸上自衛隊では、105mm榴弾砲の場合は「10榴（じゅうりゅう）」と略して呼び、155mm榴弾砲であれば「15榴（じゅうごりゅう）」、203mm榴弾砲なら「20榴（にじゅうりゅう）」と呼ぶ。これらの略称は日本陸軍時代からの習わしで、現代にも継承されて

写真1-8 陸自が保有する「110mm携帯対戦車弾」の射撃。筆者も31連隊の即応予備時代に撃ったが、ドイツでは、「パンツアーファウスト3」と呼ばれる個人携帯式の「ロケット弾発射機」だ（写真：陸上自衛隊）

写真1-9 陸自の「多連装ロケットシステムMLRS」（写真：あかぎ ひろゆき）

いる。さらに、表記上は「15H」などと書く。

　そして、ロケット弾発射機だが、個人携行が可能なものから、トラックや装甲車などに搭載された大型のものまで、さまざまなものが存在する（**写真1-8**、**写真1-9**）。よく、「ロケット砲」という語句を耳にすることがあるが、ロケット弾自体が推進力をもち、発射機の形状も筒型とはかぎらないから「砲」ではない。

　現代でこそ、多連装ロケット弾発射機のように、ロケット弾がコンテナに収納されているが、第二次世界大戦ごろはレール状の発射機も多かった。

　また、火砲の分類方法としては、ほかに「機動方式による分類」もある（**図1-4**）。「牽引式火砲」は、馬などの動物や、トラックなどの自動車により**牽引される**機動方式だ。現代の陸上自衛隊が装備する、155mm榴弾砲FH70のように短距離なら自走できるものもあ

図1-4　火砲の機動方式による分類

牽引式
牽引車に曳かれて走行するもの。「155mm榴弾砲M198（米国、写真）」、「FH70（英・西独・伊共同開発）」など

自走式（トラック型）
トラックのキャビン後方に火砲（榴弾砲）を装備し、自走可能にしたもの。「カエサル（フランス、写真）」、「アーチャー（スウェーデン）」、「19式装輪自走155mm榴弾砲」などがある

火砲の種類と分類

るが、これはあくまで牽引砲である。現代の代表的な牽引式火砲には、ほかに「155mm榴弾砲M198」など多数の種類がある。

そして、**牽引式以外の機動方式としては「自走式」がある**。自走式には、トラックに火砲を載せた「自走式（トラック型）」、6～8輪の装甲車に砲塔式火砲を載せた「自走式（装輪装甲車型）」、戦車に似た外観で履帯（いわゆる、キャタピラ）をもつ「自走式（装軌型）」がある。

自走式の火砲は、第二次世界大戦時から存在していたが、21世紀の現代に至っても、100％の火砲を自走化できていない。これは、自走砲が高価なためだ。このため、世界最大の国防費に恵まれた米国ですら、高価だが高性能な自走砲と、安価だが性能はそれなりの牽引砲をバランスよく「ハイ・ロー・ミックス」で運用している。

自走式（装輪装甲車型）
おもに8輪などのタイヤを装備した装甲車に、榴弾砲など砲塔式の火砲を搭載したもの。南アフリカの「G6 ライノ（写真）」、チェコスロバキア（当時）の「ダナ ShKH-77」などがある

自走式（装軌型）
戦車に似た外観の履帯（いわゆる、キャタピラ）により走行する戦闘車両で、装甲防護力をもつ。米国の「M109（写真）」、日本の「99式155mm自走榴弾砲」などがある

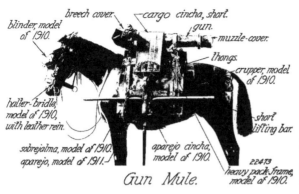

図1-5 『米陸軍武器補給処ハンドブック』(1916年版) に掲載された、英軍のQF2.95インチ山砲。ロバによる砲身搬送要領を示したもの

　第二次世界大戦時の米国は、火砲の機械牽引を100％達成した唯一の軍隊だった。それ以外の国々は、機械化（自動車化）の進んだ軍隊というイメージがあるドイツですら、火砲の牽引を最後まで馬に頼っていた。諸外国軍で、砲兵が馬を廃止したのは、第二次世界大戦後のことだ。

　「馬」といえば、火砲を「運用による分類」で区分することもできる。「山砲（さんぽう）」は、文字どおり山岳地帯などで運用する火砲で、同口径のほかの火砲と比較し、小型軽量かつ分解搬送が可能なものをいう（図1-5）。

　野戦で使う火砲を「野戦砲」、略して野砲と呼ぶが、この野砲は陸戦におけるもっとも一般的な火砲だ。これに対して山砲は、山岳地帯以外でも使用できるが、野砲より小型軽量なだけに汎用性も劣るし、射程もまた短い。

　しかし、分解すれば馬やロバなどの動物に駄載可能（図1-6）で、最悪の場合は人力搬送もできた。日本陸軍の「四一式山砲（写真1-10）」は、のちに聯隊砲（れんたいほう）と呼ば

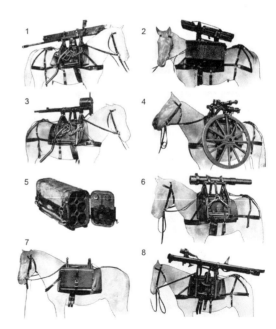

図1-6 米軍の『日本軍ハンドブック』に掲載された、「四一式山砲」の駄載分解状況。1は揺架、2は防盾および属品箱、3は砲尾、4は車輪および車軸、5は6発入り弾薬箱、7も弾薬箱、8は脚をそれぞれ鞍に装着している

火砲の種類と分類

写真1-10 靖国神社に展示されている、日本陸軍の「四一式山砲」(出典：Wikipedia)

写真1-11 ルーマニア軍が21世紀初頭まで使用していた「98mm山砲M1995ブチェギ」。98mmという半端な口径は、欧州通常戦力制限条約に抵触しないため(出典：Wikipedia)

れて「歩兵砲」としても使われている。山砲は、山岳地帯でも運用できる点は長所だが、**軍用車両やヘリコプターの発達した現代では、すっかり廃れてしまった**。わずかにルーマニア軍が、「98mm山砲M1995ブチェギ(**写真1-11**)」を21世紀初頭まで運用していた程度だろう(現在は、予備の保管武器となっているが)。

現代ならば、アフガニスタンのような山岳地帯の戦場でも、各国で研究中の4足歩行型輸送ロボットで、重迫撃砲程度は分解搬送することも夢ではない。だが、当時は山岳地帯での戦闘に、山砲は不可欠だったのだ。

また、廃れた火砲といえば、「歩兵砲」もそうである。**歩兵砲は、歩兵科がみずから装備し運用する火砲だ**。第一次世界大戦時に、ロシア軍の「37mm塹壕砲M1915」や、フランス軍の「M1916歩兵砲(**写真1-12**)」などが出現し、各国軍でも類似品を装備するようになる。

本来、火砲は砲兵科が装備し、歩兵部隊が攻撃前進するにともない、後方から追求し

21

写真1-12　フランス軍が第一次世界大戦で使用した「37mm歩兵砲M1916」。フランスのピュトー工廠で製造されたので、日本では「プトー砲」と呼ばれることがある（出典：Wikipedia）

つつ射撃するものだった。当時は、火砲の射程も短く、無線機がない時代なので、有線電話か伝令兵を使って射撃要求や修正射の指示をするしかなかった。

　砲兵の火砲は、歩兵に対する直接的な火力支援（直協支援という）を行うことを目的とする。しかし、塹壕戦が膠着していた**第一次世界大戦では、機関銃およびトーチカなど敵の火点を潰すため、歩兵がみずから運用できる火砲が必要だった。**そこで歩兵砲が生まれ、各国軍で使われるようになる。歩兵砲は、当初の口径が37mmであったが、第二次世界大戦時になると、次第に70〜75mm級へ大口径化していく。日本陸軍の「九二式歩兵砲」は口径70mmで、昭和7年（1932年）に仮制定されたが、大隊砲と呼ばれて歩兵の頼れる火力として使われた。

　現代では携帯型の無反動砲やロケット・ランチャーが普及したことで、歩兵砲は廃れてしまう。

　最後に、火砲の分類上は存在していても、廃れてしまったものとしては「騎兵砲」がある。日露戦争当時に制定された、英国の「QF13ポンド砲」や、日本陸軍の「四一式騎砲（明治44年、1911年制定）」がそうだ（**写真1-13**）。

　これらは騎兵部隊専用の火砲で、歩兵が使う一般的な当時の火砲より軽量だが、そのぶんだけ射程などの性能面で劣る。このため、多くの国々では、通常の野砲を改良したり、転用したりした。

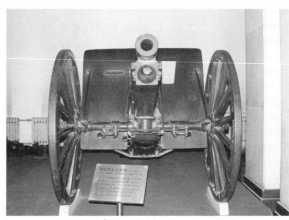

写真1-13　日本陸軍の「四一式騎砲」。かつて中国に鹵獲され、中国人民抗日戦争記念館に展示されているもの（写真：あかぎ ひろゆき）

1-4 榴弾砲と戦車砲、ロケット弾発射機はどう違う？

　榴弾砲など、砲兵が使う火砲と戦車砲はどう違うのか。また、ロケット弾発射機とはどう違うのだろうか。まず、**榴弾砲と戦車砲の相違点でもっとも顕著なのは「照準方法」**であろう。榴弾砲など砲兵の火砲は、遠距離に存在する自分からは見えない目標に対し、観測員などの指示で撃つ。これを**「間接照準射撃」**という。これに対し、戦車砲は見通し線上の目標を直接狙って撃つ。これを**「直接照準射撃」**と呼ぶ（**図1-7**）。

　前者の間接照準射撃は、火砲の種類にもよるが、**一般的な榴弾砲の場合、その射程は約30km**にも達する。一方、**戦車砲の場合は通常で射程が約3,000m**でしかなく、榴弾砲の1/10と短い。

　1991年の湾岸戦争では、米軍のM1戦車がイラク軍のT-72戦車を射距離5,000mで撃破した事例はあるものの、せいぜいその程度の射程だ。

　また、榴弾砲と戦車砲は構造も違う。くわしくは後述するが、**榴弾砲の砲身内部には溝があり、発射後の砲弾に回転を与えることで、飛翔中の安定を図る**。これに対し**現代の戦車砲は、その多くが砲身の内部に溝がない「滑腔砲」**であり、弾丸も矢のような形状

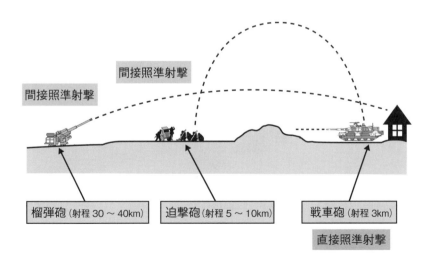

図1-7　各種火砲の弾道と、直接照準・間接照準射撃の関係

だ。

　次に、榴弾砲などの火砲とロケット弾発射機はどう違うのかだが、もっとも異なるのは**砲弾自体に推進力が備わっているかどうか**、という点である。榴弾砲の砲弾内部には、炸薬こそ充填されているものの、推進剤は入っていない。

　榴弾砲で使う弾種の1つに「RAP弾」と呼ぶ、ロケット推進で射程を伸ばすタマもあるのだが、これはロケット弾には分類されない。あくまで砲弾の一種だ。

　そして、ロケット弾発射機のうち、「MLRS」のように、ミサイルも発射可能なものがある。かつてロケット弾は無誘導、ミサイルは誘導される飛翔体だとして、明確に定義できたものだった。ところが、今日では「ロケットがついていない滑空式レーザー誘導航空爆弾」なのにミサイルとして分類されたり、ロケット弾なのにGPS誘導されたりするのだ。陸戦で使用されるミサイルは、用途によりさまざまだが、本書で言及するのは対地攻撃用のミサイルで、MLRSなどのロケット弾発射機に装填される。

　この「ATACMS（エイタクムスと読む、英語の発音上は「アターカムズ」に近い）」というミサイルは、MLRSおよびHIMARS（ハイマース）から発射されるが、ロケット弾ではなく「**地対地ミサイル**」に分類される（**写真1-14**）。もっとも、MLRSおよびHIMARSの弾薬には、GPS誘導機能を付与したM30およびM31誘導ロケット弾もある。こちらは誘導されるのにミサイルではなく、ロケット弾に分類されるのだから、実にややこしいものだ。

写真1-14　ATACMSのミサイル本体と収納運搬用コンテナ
（出典：Wikipedia）

1-5
なぜ火砲が必要か
～火砲の存在意義とは

　2020年に生起した「ナゴルノ・カラバフ紛争」や、「2022年のロシアによるウクライナ侵攻（通称：ウクライナ・ロシア戦争）では、市販型ドローンや無人攻撃機が戦場で活躍している。前者は、クワッド・ローター型の市販ドローンを改造して、手榴弾を投下できるようにしたものだ。こうしたホビー用・業務用の市販ドローン改造機には、爆薬を内蔵した「自爆型」も存在する（**写真1-15**）。

　自爆型といえば、「徘徊自爆型」と呼ばれる使い捨ての無人攻撃機まで出現した。これらのドローンなどが、ウクライナ・ロシア戦争で多数の火砲や戦車などを破壊した事実は、読者諸氏もご存じのことであろう。このため、市販ドローン改造機万能論を主張し、「火砲も戦車も時代遅れで不要」という者がいる。だが、それは誤りだ。

　なにしろ、市販ドローン改造機や無人攻撃機は発達途上にあり、万能とはいえない。攻撃は可能でも、敵陣地や都市の占領は不可能である。戦場の重要目標を占領し、地域を制圧・維持できるのは歩兵以外にはできない。その歩兵の盾となる攻撃力の要が戦車であり、歩兵の攻撃前進を支援するのは、砲兵がもつ遠距離火力なのだ。

　数十年後の将来、歩兵の分隊長だけは生身の人間で、分隊員はロボット兵士になるのでは、と予測する識者もいる。同様に、無人の火砲や無人戦車も実用化され、各国の軍隊に普及するかもしれない（**図1-8**）。同時に、市販型ドローン改造機や無人攻撃機がま

写真1-15　ドローンとはもともと、再利用可能な標的機などの無人飛翔体の意味だ。現代では、市販のクワッド・ローター式無人機のみをドローンと呼び、本格的な無人機と区別すべきだろう
（写真：あかぎ ひろゆき）

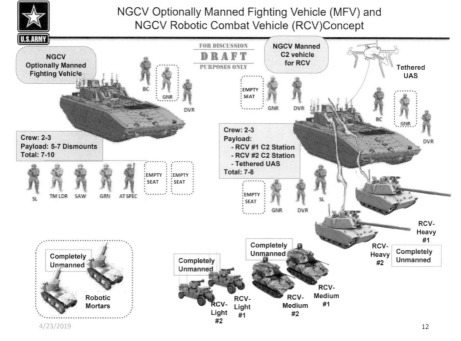

図1-8 米陸軍が研究中の「有人・無人混成戦闘チーム」。日本の防衛装備庁も、これを参考に研究中だというが、火砲の無人化は当分先のようだ（図版：米陸軍）

すます発達し、各種の無人武器が戦争の帰趨を左右する「ゲームチェンジャー」になるだろう、という人もいる。

　だとしても、軍隊の武器・兵器というものは、各々に長所もあれば短所もある。たとえば、市販型ドローン改造機や無人攻撃機は小型で探知・発見が困難であり、安価である点は長所といえるだろう。その一方で短所も多く、電子妨害に脆弱な上、天候や気象上の運用制限も大きい。だから、**軍隊の武器・兵器は、こうした長所・短所を相互に補完できるよう、バランスよく装備しなくてはならない**ものだ。

　したがって当面の間、**陸戦においては従来型の火砲や戦車が不可欠**なのは、間違いないといえるだろう。だからこそ、欧米諸国はウクライナに火砲や戦車などを供与した。ロシア連邦軍もまた、保管中の旧型火砲や旧型戦車を引っぱりだして、現在もなお戦闘中なのである。それゆえに、**火砲は陸戦における重要な火力支援の手段であり、特に榴弾砲は遠距離火力の骨幹**だといってよい。それは、21世紀の現代でも変わらないのだ。

第2章
火砲と砲兵の歴史

火薬の発明と火砲の出現は、戦闘のあり方をすっかり変えてしまった。この章では、いかにして火砲と砲兵が発達していったのか、その歴史を学んでみよう。

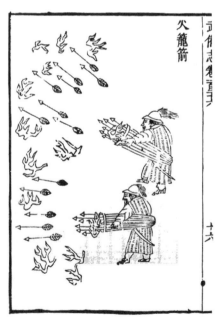

宋の時代、中国では現代でいうロケット弾発射機の始祖、「火箭」が使われた。図は、当時の軍事教範『武経総要』に記載された「火龍箭」。ロケット弾というより、火矢に近い武器のようだ

2-1 火薬の発明と火砲の起源

　人類の歴史は戦いの歴史でもある。弱肉強食の自然界で、生物が種族保存と生存を賭けて争うように、太古の人類も動物たちを相手に戦った。また、人間同士でも殺しあった。
　当初の武器は己の肉体のみであったが、知恵をもつ人類は、棍棒や石を用いて戦うようになる。やがて棍棒は動物の角となり、石でできた斧や鉾へと進歩した。そして石器時代から青銅器時代を経て、棍棒は金属製の刀剣に進歩した。一方で遠距離攻撃用の武器は、ただの石から弓矢や吹き矢といった「飛び道具」へと進化した。
　その後、築城技術が発達して堅固な城が作られるようになると、飛び道具としての攻城兵器が求められるようになった。すなわち、投石機(カタパルト)の出現である。では、火薬の発明以前は、火器に類するものはなかったのか。
　7世紀に東ローマ帝国(ビザンツ帝国)で発明された、「ギリシャ火」という火炎放射器のようなものはあった(図2-1)。また、硫黄やナフサなどの混合物からなる焼夷武器であれば、紀元前から存在していた。しかし、硝石・硫黄・木炭を主成分とする火薬が発明されるまでの遠戦武器は、弓矢以外に投石器しかなかったのだ。

図2-1　8世紀の海戦で「ギリシャ火」を使用した景況を描いた細密画。火器ではなく、火炎放射器のようなものであった

火薬の発明と火砲の起源

さて、これらに代わって出現したのが、火薬の力で物体を投射する「火砲」だ。火薬が発明されたのは古く、7世紀の中国といわれているのはご存じだろう。宋の時代、10世紀以降の中国では、原始的なロケット弾の「火箭」が使用されたし（**図2-2**）、我が国に襲来した元軍は、「鉄炮」なる火器を投擲している（**図2-3**）。その後、火薬は13世紀にかけて、アラビア経由でスペインに伝わった。黒色火薬に関してもっとも古い欧米の文献は、英国人ロジャー・ベーコンが記述したものというのが定説だ。

図2-2　宋の時代、中国では「火箭」と呼ばれる、ロケット弾発射機のような火器が使用された。図は「梨花鎗」と称した火箭の1つで、その形状から「火槍」ともいう

図2-3　蒙古襲来絵詞に残る、文永の役での戦闘場面。蒙古軍の「鉄炮（てつはう）」が炸裂する様子が描かれている

2-2

中世「前装式火砲の出現」

　ヨーロッパ各地に火薬の製法が伝わると、鋳造による青銅製の火砲が作られ始めた。1399年から1453年にかけての百年戦争における「クレーシーの戦い」では、すでに火砲が一般的に使用されていたが、これが攻城戦では特に有効であった。クレーシーの戦いといえば、英国の長弓兵が使う「ロングボウ」ばかりが注目されるが、当時すでに火砲は実戦でデビューを果たしていたことは、あまり知られていない。

　しかし、当時の火砲は前装式であり、ようやく鋳鉄製の弾丸が使用され始めたばかりであった。当時の弾丸は、依然としてムクの鉄や鉛あるいは石で作られたものが主流で、非常に原始的だったのだ。

　特に石は、加工性および経済性の点から砲弾として多用され、1247年のセビルの戦いで用いられた史上初の火砲も、同様に石弾を使用していた（**図2-4**）。石弾を使用した火砲といえば、1453年にトルコのモハメット二世が「コンスタンチノーブルの戦い」で使用したウルバン砲も有名である（**写真2-1**）。

　この火砲はハンガリー人ウルバンの設計によるもので、19 tと巨大なため移動時は台

図2-4　西欧では15世紀初頭ごろから、石を加工して球形にした砲丸を発射する、初歩的な火砲が製造されるようになった。この火砲は「射石砲（ボンバード）」と呼ばれる

中世「前装式火砲の出現」

に乗せ、牛30頭（60頭という説もある）と200名の人員を必要とした。しかし、それでも1日に7回、300kgの石を投射する能力があった。こうして、このトルコ唯一の保有火砲は、1,000年もの長きにわたり難攻不落を誇った城壁を破壊することに成功したのである。

しかし、当時の火砲は前装式であったから、装填時に砲側要員（砲手）が敵方に暴露するという問題があった。発射時は、砲の後部にある点火孔から裸火により点火していたが、防楯など装備されていないからこの動作も問題で、装填中や発射直前を弓矢で狙われて死傷する兵士も多かった。さらに当時の冶金技術では、砲身の強度が発射時の圧力に耐えられず、しばしば破裂することがあった。

そこで、当時の砲身には樽のような「たが」がかけられていた。英語で砲身をバレルと呼ぶのはそのためである。このように、砲身破裂に巻き込まれ、砲手も身体を四散させて即死するなど、当時の砲兵は射撃すること自体が命がけであった。敵は砲撃の音に驚き、味方は砲身とともに四散する砲手を目の当たりにして驚きと、このように敵味方双方とも大いに驚いたという。

写真2-1　英国の博物館で展示されている、オスマン帝国の「ダーダネルス砲」。コンスタンティノープル包囲戦で有名な「ウルバン砲」の類似品（出典：Wikipedia）

2-3 近世「グリヴォーバルとナポレオン、砲兵運用の確立」

　これまで述べたように、15世紀ごろまでの火砲は、おもに攻城戦で使用されてきた。これが16世紀になると、火砲に車輪がついて、砲車として馬に曳かせるようになる。こうして火砲に機動力が与えられ、野戦で用いられるようになった。野戦では、突撃してくる敵騎兵や密集隊形の歩兵に対し、火砲が威力を発揮するようになる

　またこのころ、火砲は海戦においても、必要不可欠な存在となりつつあった。海戦は、敵艦に移乗しての刀剣による近接戦闘で決着をつける時代が長く続いた。だが、敵艦移乗前に火砲で射撃し、帆やマストを破壊したり、掌帆長以下の甲板要員を殺傷したりすれば、敵はその損害も無視できるものではない。

　帆船時代の艦砲には、加農（カノン砲）のほか、カロネード砲など、口径が異なるさまざまな種類の火砲があった（**図2-5**）。しかし、使用弾薬はムクの砲丸か、散弾を飛ばす「ブドウ弾」のいずれかである。ブドウ弾は野戦でも使われたが、小粒散弾のキャニスター弾ほど一般的ではなく、むしろ海戦での使用が多い。

　このように当時の火砲（艦砲）は、敵艦の船体こそ破壊できなかったが、撃沈は無理でも、敵艦移乗前に大損害を与えることができた。大航海時代の海戦に、火砲は重要な役割を果たしていたのだ。

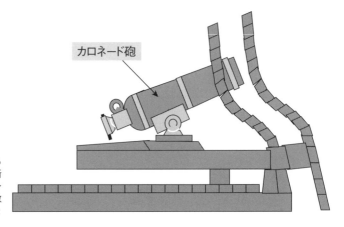

図2-5　帆船時代における艦砲の装備例と、船体断面図。当時は加農（カノン砲）やカロネード砲を多数装備して、敵艦を射撃した

近世「グリヴォーバルとナポレオン、砲兵運用の確立」

　さて、陸戦における火砲の発達だが、16世紀以降の技術的進歩は、比較的緩慢だったといってよい。そののちに技術的ブレイクスルーが生じて、後装式火砲が出現するまで、試行錯誤の時代が続く。たとえば火砲の弾薬だが、弾丸が石を球状にしただけのものから、錬鉄の鍛造弾丸や鋳鉄の弾丸へと進化した。この内部に黒色火薬を入れ、炸裂させようとは考えたが、当時の技術では容易に実用化できなかったのだ。

　なにしろ、砲弾内に炸薬を入れても、それを所望のタイミングで点火させることが難しい。なぜなら、当時は精密な信管が作れなかったからである。当初、導火線式の「火導信管」が実用化されたが、導火線の燃焼時間は、射撃直前にカッターで切断して調整する、きわめて原始的なものだった。近代的な信管は、のちに時計技術が発達するまで、数世紀待たねばならなかったのだ。

　こうして17世紀になると、火砲は西洋を中心として、ますます普及していく。日本でも、外征した朝鮮で得た戦利品の火砲がコピーされ、鉄砲鍛冶に量産させている。そして1614年には、世にいう大坂冬の陣において、徳川幕府の動員軍が大坂城の天守閣を火砲で撃ち、破壊したことで知られる。このとき、天守閣に弾丸を直撃させた火砲は、英国から購入したカルバリン砲4門のうちの1門であった。

　しかし、当時は西洋にしても日本にしても、火砲の砲身製造技術にも問題があり、精度の高い加工ができなかった。このため、砲身の砲腔切削（中ぐり）を精密に行う方法が模索されている。また、当時の刀剣類と同様に、火砲の口径や寸法などの様式もまた、まちまちであった。そこで、火砲の規格統一と標準化が試みられるようになる。

　1713年、スイス生まれの火砲職人「ジャン・マリッツ」は、垂直式砲腔加工用ドリルを

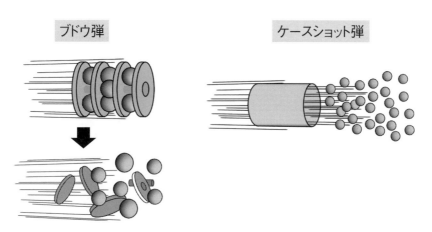

図2-6　「ブドウ弾」と「ケースショット弾」。ブドウ弾は陸戦でも使われたが、むしろ帆船時代における艦砲で多用された。どちらの弾薬にも散弾が入っているが、射程は総じて短い。

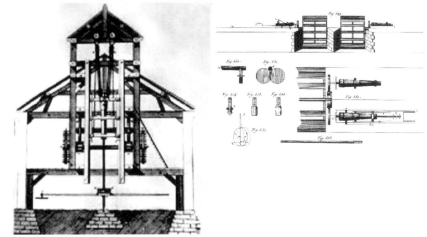

図2-7　火砲職人マリッツが1713年に考案した、火砲の砲腔軸切削用ドリル。左が垂直式、右が水平式

考案する。ところが、このドリルは砲腔軸の切削が不正確なわりに、作業時間がかかった。このため、マリッツはドリルを改良するとともに、異なる加工方法を模索することになる。こうしてマリッツは、1734年ごろに実用性が高い水平式砲腔加工用ドリルを開発し、砲身加工技術が飛躍的に進歩した(**図2-6、2-7**)。一介の火砲職人にすぎなかったマリッツは、のちにフランス王立鋳造所の長官にまで出世する。

　一方、フランスの「グリヴォーバル将軍」は、1746年から1789年にかけて、火砲の規格統一および標準化を行った(**写真2-2**)。これにより、フランスの火砲は加農(カノン砲)が口径や寸法ごとに3種類、榴弾砲が2種類に統一された(**図2-8**)。この「グリヴォーバル・システム」が導入されると、それまで使用されていた「ド・ヴァリエール方式」の火砲は更新され、近代化されることになる(**写真2-3**)。

　そして18世紀は、かのナポレオン・ボナパルトにより、近代的な砲兵運用が確立された時代でもあった。1791年にフランス革命が始まると、ナポレオンは、歩兵・騎兵・砲兵それぞれの特性に応じ、これらをたくみに運用して戦った。なかでも砲兵に関しては、当時のヨーロッパでもっとも優れた火砲の「グリヴォーバル式火砲」を装備し、練度・士気ともに高かった(**図2-9**)。

　ここで、当時のフランス砲兵は、どのように火砲を操作していたのか、グリヴォーバル式4ポンド砲の砲班における「操

写真2-2　火砲の標準化と軍事改革を行い、「フランス砲兵の父」と呼ばれたグリヴォーバルの肖像画。最終階級は、中将だった

近世「グリヴォーバルとナポレオン、砲兵運用の確立」

砲」を見てみよう。図のように、当時の砲兵は最小戦術単位というべき1個砲班が、砲班長以下8名からなっていた。各人の任務は、以下のとおりである。

まず「砲班長」だが、階級は伍長だ。砲班を指揮し、班員に射撃させるとともに、みずからは火砲の方位角と射角が正しいか点検し、必要に応じ修正を行う。また、弾薬を再装填する前に、点火用の穴を左手の親指で塞ぎ、砲腔内に残った火薬の消火を確認する。

次に「装薬手」は、射撃の都度砲腔内を清掃し、新たに装薬を詰めるのが役目だ。「装填手」は、装薬手が砲腔に装薬を詰めた後、弾丸を装填する。「照準手」は、砲の右側に位置し、射距離と弾種を勘案して砲身の射角を調整する。

「導火索点火手」は、砲尾の右側に位置し、射撃の都度、点火孔を清掃して導火索を挿入し、発射の号令でトーチ棒を使い点火を行う。最後に2名の「弾薬手」だが、弾薬車と砲側を何度も往復して、弾薬などを運ぶ。

以上が当時のフランス軍砲班における、各人の任務だ。このなかでもっとも重労働なのは、弾薬手ではなかろうか。

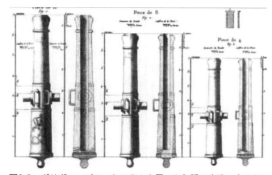

図2-8 グリヴォーバル・システムを用いた各種の火砲。左から8ポンド砲、6ポンド砲、4ポンド砲

写真2-3 1780年に制式採用された、グリヴォーバル・システム12ポンド重砲

凡例
㊗=砲班長、㊗=装薬手、㊗=装填手、
㊗=照準手、㊗=導火索点火手、
㊗=弾薬手

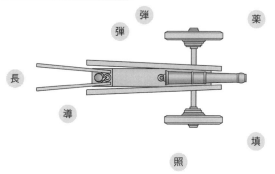

図2-9 「4ポンド野砲」における各人の定位

図2-10　グリーヴォーバル式4ポンド砲車の牽引状態。馬による牽引を馬引牽引、または繋架（けいが）という

　なにしろ、火砲の口径により異なるが、当時は1門につき2〜5両の弾薬車（各車は馬6頭立て）を必要とした。これらは、48〜100発分の弾薬と、信管などを積んでいた。万一の安全距離を確保するため、砲側から30m離隔してあったから、何往復もする弾薬手はさぞかし重労働だっただろう（**図2-10**）。

　このように彼は、その優秀な砲兵を使い、徹底的な砲兵の集中運用を行っている。のちに行われた幾多の会戦でも、砲兵を集中運用するという彼の原則は変わらない。当時の歩兵連隊には、固有の火砲が装備されていた。彼はこれを廃止し、その代わりに軍団レベルに火砲を装備させた。この火砲を必要に応じて第一線部隊に配属し、残余の火砲は戦場の後方に予備として控置するシステムにしたのだ。そして、戦闘の重要局面で今がチャンスと見るや、予備の砲兵部隊を一気に集中投入した。

　予備砲兵は、70〜100門の火砲を装備していたのだ。ほかに、ナポレオンが直接指揮する中央直轄の予備砲兵は、126門の火砲をもっていたという。ナポレオンはコルシカの没落貴族という出自でありながら、砲兵大尉だったがゆえ、砲兵の運用に長けていたのだろう。だからこそ、革命の混乱に乗じたとはいえ、天才的な戦略眼と戦術的直観を行使して、皇帝の地位まで登りつめたといえるのだ（**写真2-4**）。

写真2-4　誰もが知る有名な絵画「サン＝ベルナール峠を越えるボナパルト」

2-4
近代「後装式火砲の実用化と無煙火薬の発明」

　火砲は、前述したナポレオンの登場を契機として、戦術面でも陸戦に大きな影響を与えた。そして、19世紀になると技術面でも大きな進歩があった。後装式火砲の登場である。

　アームストロング砲は、前装砲から後装砲への移行期に登場した後装式火砲で、1857年に英国で制式化された。野砲・艦砲ともに、幕末から明治維新の日本でも使われている。このうち野砲は、戊辰戦争時に佐賀藩が保有していたもので、艦砲は薩英戦争時の英国艦隊が装備していたものだ(**写真2-5**)。

写真2-5　1868年の戊辰戦争における「上野の戦い」では、佐賀藩が保有するアームストロング砲が使われた

　一方このころ、火砲のみならず弾薬にも技術的な進歩があった。それまで**砲弾は球形をしていたが、椎の実型の尖頭弾に変化**する。戦術面で

写真2-6　日本陸軍の「改造三八式野砲」。砲身を上げて高射角で撃とうとすると、砲尾が脚に接触して仰角を上げられないので、砲架および脚を改造した

は、歩兵の戦闘隊形にも変化がみられる。1861年の米国では南北戦争が勃発し、砲兵はケースショット弾などの散弾で射撃を行った。これによる損害を軽減するため、開闊地では横隊に広く部隊展開し、歩兵が攻撃前進を行った。この戦闘隊形を「散開」と呼ぶ。

　また、明治27年(1894年)の日清戦争勃発に至る数年前、**駐退機および複座機の発明**にともない、これを装備した火砲も出現し始めた。

　しかし、当時の日本は西洋の列強と呼ばれる諸国よりも、火砲技術が劣っていた。そこで、後の日露戦争(明治34～35年)に至るも、ドイツのクルップ社に火砲の設計を依頼していたほどだ。当時、日本がクルップ社に発注した「三八式野砲」は、日露戦争には間に合わなかったが、のちに砲架と脚を改良し「改造三八式野砲」として使われた(**写真**

2-6)。

この当時、ヨーロッパではドイツのクルップ社以外にも、英国のアームストロング社やスウェーデンのボフォース社など、火砲・弾薬の製造を得意とする製造会社が続々と新型火砲を開発していた。日本が欧米に伍する火砲を生産するようになるのは、もう少しあとのことである。

ちなみにクルップ社の社長「アルフレート・クルップ」は、全盛期に「大砲王」と呼ばれたが、ボフォース社の経営者だったアルフレッド・ノーベルは、死後ノーベル賞が創設されたことでも有名だ(**写真2-7**)。

写真2-7　クルップ社の社長、アルフレート・クルップ。全盛期には「大砲王」と呼ばれた

1880年に無煙火薬が発明されると、それまで砲弾の炸薬や発射薬として使われていた黒色火薬に代わり、その後の戦争で広く使用されるようになった。たとえば、1899年にアフリカでボーア戦争が生起したが、銃砲など火器の弾薬に無煙火薬を用いるようになった。このため、従来の陸戦とは異なり、射撃時の煙で敵の居場所を看破するのが容易でなくなった。なぜなら、黒色火薬の弾薬を使う火器は、射撃時に濛々たる煙をだすが、無煙火薬の弾薬は煙の発生が少ないからだ。無煙火薬はまったくの無煙ではないが、黒色火薬に比べれば、無煙に等しい。

ボーア戦争では、日清戦争でも活躍した機関銃が使われて、防御戦闘に威力を発揮した。また火器技術のほか、**偽装した遮蔽陣地から火砲が射撃**するなど、戦術面での進歩も見られた。この戦争は、英国正規軍がボーア人とのゲリラ戦で苦戦することになるが、砲兵火力よりも騎兵部隊の機動力により、辛くも勝利を得たのだ。

2-5
第一次世界大戦「砲兵火力の限界と塹壕戦」

　第一次世界大戦では、連合国側および同盟国側両軍の砲兵はおもに榴散弾を使って射撃を行い、緒戦ではそれなりに戦果を上げていた。ところが、両軍ともにヘルメットが普及して兵士の防護力が向上すると、榴散弾では効果が不十分になってきた。

　また、両軍は陣地に榴弾が直撃しても、安易に損害を受けないように工夫した。つまり、**掩体壕を深く掘って地下化し**、その上に丸太などの木材をかぶせ、土を盛って**耐弾性を向上**させたのだ。

　こうして、機関銃と鉄条網の普及も相まって、両軍は互いに敵の第一線陣地を突破できなくなった。ほどなくして、**両軍とも陣地内に引き篭もり、戦線が膠着**することになる（**写真2-8**）。この膠着した塹壕戦を打開するために、戦車が誕生したのは、

写真2-8　1917年、塹壕戦訓練中のドイツ兵
（出典：Wikipedia）

写真2-9　第一次世界大戦でドイツ軍が使用した「パリ砲」は、弾道ミサイルが存在しない当時、最大最強の火砲だった。その最大射程120kmにもおよぶ　（出典：Wikipedia）

読者諸氏もご存じであろう。このように、第一次世界大戦における火砲は、その火力を十分に発揮できなかった。

　当時、最大最強だったドイツ軍の「パリ砲」は120Kmの射程を誇り、パリ市内を目標にして擾乱射撃（後述）を行う。これにより、パリ市民を不安に陥れた（**写真2-9**）。だが、パリ砲は命中精度が悪く、弾道ミサイルが存在しない時代のことである。当時にしては戦略兵器というべき存在ではあったが、**戦局の打開には至らなかった**。

一方、第一次世界大戦における日本軍はというと、青島で小規模な戦闘を行っただけだった。結局、ヨーロッパ諸国軍のような砲兵主体の激烈な火力戦闘は、ついに経験せず終結したのである。昭和14年(1939年)、日本は近代戦における本格的な火力戦闘を経験しないまま、ノモンハンでソ連軍と戦った(**写真2-10**)。

写真2-10　日本陸軍の「九二式十糎加農」。昭和14年(1939年)のノモンハン事変で初陣を飾ったが、不具合が多く大活躍には至らなかった(出典：Wikipedia)

　日本陸軍の保有火砲は、ソ連軍のものと比較して決して低性能ではなかったが、射程が少し短かった。このため、**対砲兵戦では、ソ連軍の火砲に射程外から撃たれてしまう**。
　また、日本陸軍は敵の兵站能力を過小評価したが、ソ連軍は弾薬を鉄道からトラックに載せ替えて、端末輸送で続々と弾薬を補給した。ノモンハン事変において、**日本陸軍はソ連軍に大きな損害を与えたが、結局はソ連軍優勢のまま停戦を迎えている**。

2-6
第二次世界大戦「自走砲の実用化とVT信管の登場」

第二次世界大戦では、鉄道のインフラが発達しているヨーロッパや日本などで、多数の列車砲が製造された。なかでもドイツ軍の80cm列車砲は、世界最大の口径と威力を誇る(**写真2-11**)。だが、鉄道は航空攻撃に脆弱であり、ゲリラなどの破壊活動でしばしばレールを破壊された。このため、現代では列車砲は廃れ、軍用列車すら希少となっている。

また、各国では自走砲の開発が進み、一部は実用化して部隊配備されたが、火砲のすべてを自走化するには至らなかった。自走砲は牽引式火

写真2-11 ユトレヒトの鉄道博物館に展示されている、第二次世界大戦でドイツ軍が運用した「80cm列車砲」の模型。2門のみ製造され、1番砲は「グスタフ」で2番砲が「ドーラ」の愛称をもつ (出典:Wikipedia)

砲と比較して、数倍のコストがかかる。21世紀の現代でも、米軍ですら火砲のすべてを自走化できていない。

それどころか、**第二次世界大戦時の各国軍は、火砲を馬ではなくトラックなどの機械力で牽引する、砲兵の機械化すら達成できなかった**。ドイツ軍は、電撃戦のイメージがあるせいか、砲兵も含めて全軍が機械化されている、と思う読者もいるだろう。しかし、そのドイツ軍も敗北するまで、火砲の牽引を馬に頼っていた。唯一、米軍だけが砲兵部隊から馬を廃止できたのだ。

その米軍は、第二次世界大戦時におけるMVPとも呼べる、**優秀な火砲を多数量産**している。冶金技術に優れたソ連やドイツ、そしてスウェーデンや英国も、当時は優秀な火砲を各々製造した。だが、米国の155mm加農M1およびM2、203mm榴弾砲M1およびM2ほど製造が容易で、性能が高くて費用対効果に優れた火砲はないといってよい(**写真2-12**)。ソ連の火砲も射程などの性能は優れていたが、故障も多く品質が高いとはいいにくかった。同様にドイツの火砲も、凝りすぎた設計ゆえ故障も多く、本来有していた性

能を十分に発揮できなかったのだ。

　また、第二次世界大戦中における新技術としては、VT信管の実用化が挙げられるだろう。これは当初、中口径艦砲の弾薬に使われた(**写真2-13**)。敵の航空機に向けて射撃すると、飛翔中の弾丸から発射された電波により、敵機の近くで弾丸が炸裂する。これを近接信管という。機体に直撃せずとも、至近弾の破片で撃墜できるのだ。

　発射された弾丸が電波を発射して、所望の高度で破裂すれば、陸戦でも曳火射撃の役に立つ。曳火射撃とは、敵の頭上で弾丸を破裂させる射撃方法だが、その最適な高度とタイミングが難しい。曳火射撃そのものは、弾丸が文字どおり球状をしていた時代から行われていた。内部に

写真2-12　米国が開発した203mm榴弾砲「M1」。ロングトムの愛称で知られる。陸自ではとっくに引退した旧式火砲だ（出典：Wikipedia）

写真2-13　米国が開発した「VT信管」は、当初は5インチ高角砲などの艦砲用弾薬として採用された

炸薬を入れ、敵の頭上で炸裂させるアイディアは、その当時から存在したのだ。

　その後、時計技術の発達により、機械式信管が製造可能となり、現代ではより正確な電気式・電子式信管も使用されている。今やVT信管は、火砲の信管としてはCVT信管とともに多用されるが、昔は着発信管や延期信管くらいしか存在しなかったのだ。

2-7 第二次世界大戦後〜現代の火砲「自走化と弾薬の進歩」

　第二次世界大戦後の1950年代になると、誘導武器技術の発達により、各種ミサイルが実用化された。核爆弾の運搬手段たるミサイルは、射程を延伸してICBMまで発達する。このため、火砲は存在感が希薄となりつつあり、「原子砲」と称して核砲弾も撃てるとアピールしていたほどだ。

写真2-14　ベトナムのディエンビエンフーにおける、ベトミン軍砲兵部隊（出典：Wikipedia）

ただし、広島や長崎に投下された原子爆弾よりも、核出力ははるかに小さい。だが、戦争で戦術核を行使するハードルすら高く、米ソの代理戦争と呼ばれた地域紛争では、従来型の火砲が活躍している。

　1954年、フランス領インドシナにおいて、軍とベトミン軍との間で紛争が勃発した（**写真2-14**）。フランス軍は、「ディエンビエンフーの戦い」において、ベトナム側の兵站能力を過小評価し、大失敗を犯してしまう。

　敵は大量の火砲を集中運用し、射撃を継続できるだけの弾薬も運べないだろう、と考えたのだ。ところが、**ベトミン軍は火砲を分解して人力で運び、飛行場の周囲にある高地に射撃陣地を構築**する。同時に、歩兵部隊も近傍に集結し、いつしか飛行場は数個師団に包囲されていたのだ。

　もちろん、フランス軍も飛行場の周囲にある高地が「緊要地形」、つまり戦術的に重要な地形であることは知っていた。だが、それらの高地には、小規模警戒部隊しか配置していなかった。フランス軍が気づいたときには、警戒部隊はやられて高地は占領されていたのだ。こうして、ベトナム側はフランス軍に探知されることなく隠密浸透作戦を行い、緊要地形を確保した。

　その後、高地から飛行場を火砲で射撃し、フランス軍の航空作戦を妨害、駐機場にある機体を破壊して、滑走路も使用不能にしてしまう。ディエンビエンフーにおけるフランス軍の敗北後、米国ではM109自走榴弾砲が制式化され、1962年から量産が始まった。M109は、その後も長く生産が続き、各国軍に採用されてベストセラーとなる（**写真**

2-15)。

一方、ベトナム戦争では、1968年の米海兵隊によるケサンでの防御戦闘が有名だ。ベトナムで旧正月にあたるテトの時期を利用して、ベトナム側は奇襲にでたのである。米軍は、まさかこの時期・このタイミングでと思ったのだろう。大きな損害ではなかったが、予期せぬ奇襲による心理的効果は大きかったようだ。

このころ、**スウェーデンはユニークな自走榴弾砲として、バンドカノンを開発している**。バンドカノンは、自動装填式の155mm榴弾砲を装軌式の車体に載せたものだ。弾薬は、砲尾にある7連装の箱型弾倉2個から装填され、最大時は14発を45秒で撃ち尽くす(**写真2-16**)。

写真2-15　米国の「155mm自走榴弾砲M109」は、1962年から量産され、台湾陸軍も「M109A5」を28両調達した（写真：中華民国陸軍）

写真2-16　スウェーデンがかつて保有していた、「155mm自走榴弾砲バンドカノン」

当然だが火砲にとって、最大発射速度が低いよりは、高いほうがよい。実戦下では敵の探知を防ぐため、数発撃っては予備陣地へ移動し、また数発撃ったら移動を繰り返す。したがって、火砲の最大発送速度が高ければ、その分だけ短い時間で射撃できる。バンドカノンの場合、極論すれば45秒間で14発を撃ち尽くしたら、さっさと陣地変換して弾薬を再装填し、また射撃を行う。こうすれば敵よりも有利に戦える、と当時のスウェーデンは考えたに相違ない。

こうして、その後も20年以上にわたり、世界各地で米ソの代理戦争が生起したが、大規模な砲兵戦とはならなかった。この間、火砲の自走化は進んだが、高価なために安価な牽引式火砲と並行装備されている。この時代、むしろ火砲そのものよりも、**弾薬の進化が著しい。射程延伸のため、RAP弾やベースブリード弾（第4章で後述）などの長射程弾が登場し、砲弾に誘導機能を付与するようになった。**これらのハイテク弾薬は、ウクライナ・ロシア戦争で真価を発揮しているのはご存じだろう。

ソ連の崩壊で冷戦が終わると、超大国同士による全面核戦争の危機は、ひとまず遠のいた。だが、それに代わってふたたび地域紛争が増加することになる。1991年の湾岸戦争では、戦闘終結後にイラク軍が製造中の巨大火砲「スーパーガン」が発見され、バビロ

ン作戦を実施しようとしていたことが判明する。

この巨大火砲は、第二次世界大戦時にドイツ軍が製造中だった多薬室砲と似たもので、「ムカデ砲」と俗称された火砲の類似品だ。**砲身の両側面に多数の薬室があり、これがムカデの足に見えることから、ムカデ砲と呼ぶ。**

だが、こうした巨大火砲を少数だけ製造できても、戦力の劣勢な側の軍隊は、逆転勝利を得られない。湾岸戦争時はもちろん、2007年のイラク戦争でも、イラク軍砲兵部隊は米軍の航空攻撃で大損害を受けてしまう。米軍砲兵部隊と対砲兵戦を交えるどころか、一方的に撃破されている（**写真2-17**）。

このように、2022年にロシアがウクライナに侵攻するまでは、地域紛争や内戦も含め、大規模な火砲による火力戦闘は起こらなかった。しかし、ウクライナ・ロシア戦争では第二次世界大戦型とも形容できる、火力戦闘が行われている。第二次世界大戦当時のように、主戦場で数個師団同士が激突する大規模なものではないが、戦後最大といってよい。**ドローンなどの無人攻撃機が発達しようとも、当面の間は砲兵火力が陸戦の重要な要素であることは、ウクライナ・ロシア戦争が証明したといえるだろう。**

写真2-17　2007年のイラク戦争で射撃中の「155mm榴弾砲M198」（写真：米海兵隊）

ロシア連邦軍VSウクライナ軍 両軍の火砲と砲兵

2022年のロシアによるウクライナ侵攻以来、ウクライナの戦場では、激烈な消耗戦が続く。それどころか、ウクライナ軍は航続距離の長い無人攻撃機を使い、ロシアへ越境攻撃まで行っている。

ミリタリーバランス2021年版によると、ロシア連邦軍（陸軍）の保有火砲は各種合計で3,840門（迫撃砲・多連装ロケット弾発射機を含む）であった。もちろん、これは侵攻前の数値である。

ところがロシア連邦軍は、本校執筆中の2024年5月の時点で、ウクライナ・ロシア戦争による損耗により合計3,900門の火砲を失う。単純計算ではマイナス60門になってしまうが、友好国へ輸出した火砲を買い戻したり、火砲を新造したり、中国や北朝鮮などの外国から調達、損耗補充したようだ。ほかに予備として、旧式牽引砲だけで12,300門が保管されているという（**COLUMN1-1**）。

COLUMN1-1　旧ソ連時代に開発された「152mm榴弾砲D-20」。現在ではすっかり旧式化した火砲だが、まだまだ使える有力な火砲だ（出典：Wikipedia）

これに対しウクライナ軍の火砲は、ロシア連邦軍の約1/3でしかない。だが、それでも1,000門以上があり、日本の3倍以上なのである。また、ウクライナ軍は、欧米から各種の武器・兵器を供与され、ロシア連邦軍の侵攻当初よりも戦力は格段に強化された。では、両軍の砲兵部隊はいかにして戦っているのだろうか。

まずロシア連邦軍だが、2022年12月に「突撃部隊による市街地および森林における戦闘の特性」と題した教範を新たに制定したという。従来、ロシア連邦軍は「大隊戦術群（BTG）」と呼ぶ大隊を基幹にした部隊編成をしていた（**COLUMN図1-1**）。

ところが、独立作戦を行うには歩兵が少ないうえに、兵站能力も小さく、これまでの戦闘でうまく機能していない。BTGによる戦術が失敗だった、とロシア連邦軍も気づいたの

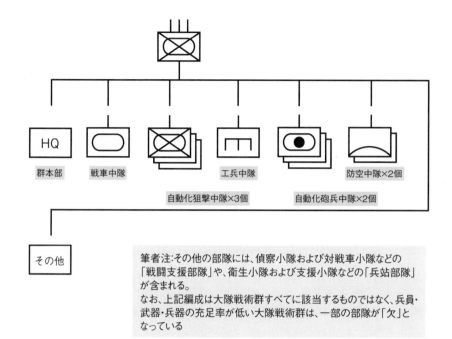

COLUMN図1-1　現代ロシア連邦軍の大隊戦術群

であろう。そこで現在は、新たに「突撃部隊」と呼ぶ戦術単位の部隊を編成し、試行錯誤しつつも戦闘を継続中だという。

この突撃部隊は、自動車化狙撃大隊（APCなどで機械化された歩兵）を基幹として、戦車および野戦砲兵、防空砲兵を配属した戦闘グループだ。

戦術単位の規模としては「群」になるので、BTGと同規模であろう。

これよりも小規模な中隊基幹の突撃部隊も存在するようだが、名称のように防御戦闘よりも攻撃重視の部隊である。BTGは定数800人のうち歩兵が200人と少なかったが、大隊基幹の突撃部隊は歩兵が300〜400人と増強されている。

BTGは、戦闘兵科も兵站も、上級部隊による支援や他部隊の配属を必要とした。だから、独立作戦能力は、きわめて限定的だった。しかし、この突撃部隊はBTGよりも歩兵が多く、火力も兵站も強化されているようだ。攻撃に際しては、歩兵の頭数が重要なのである（**COLUMN図1-2**）。

では、一方のウクライナ軍は、どのように戦っているのだろうか。

ロシア連邦軍が大規模な部隊を集中運用せず、戦場の広範囲に小規模なBTGを分散させて侵攻したが、これは明らかに失敗だったといってよい。第二次世界大戦時のフラ

ンス軍がそうだった。

ウクライナ軍は、攻撃および防御の両面において、ロシア連邦軍ほど多く失敗を犯していない。ウクライナを支援する欧米の助言に従い、供与武器を有効に使い戦果を挙げている。特に、供与された「M982エクスカリバー誘導砲弾」の戦果は無視できないだろう（COLUMN 1-2）。

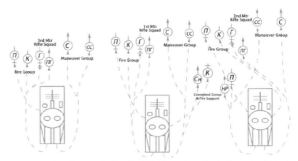

Dismount and Deployment of a Motorized Rifle Platoon into a Combat Formation (variant)
(Above) This graphic shows a motorized rifle platoon mounted on BMPs coming on line and dismounting with the squads then moving ahead of the BMPS. These are eight man squads (four in the fire group, two in the maneuver group and two vehicle crew).

COLUMN図1-2　攻撃で歩兵の頭数は重要だ。図は、旧ソ連およびロシア連邦軍の機械化小銃小隊が、BMP歩兵戦闘車から展開する要領を示したもの（図版：米陸軍野戦教範より）

エクスカリバー誘導砲弾は、欧米がウクライナに供与した米国製の155mm自走榴弾砲M109や、牽引式155mm榴弾砲M777などから発射可能だ。ウクライナが多数保有している旧ソ連製の火砲からは撃てないが、命中精度がきわめて高い（COLUMN1-3）。

COLUMN1-2　エクスカリバー誘導砲弾は、欧米がウクライナに供与した155mm自走榴弾砲や牽引式155mm榴弾砲で使用され、戦果をあげている（出典：Wikipedia）

だが、実のところウクライナ軍砲兵部隊は、高価で数に限りがあるエクスカリバー誘導砲弾を、敵の戦闘車両に対してそう多く使っていない。むしろ、戦闘車両のような移動目標よりも、「点目標」を射撃することが多いだろう（COLUMN図1-3）。

点目標とは、橋梁や飛行場、野外の弾薬集積所、地対空ミサイル陣

COLUMN1-3　写真左はエクスカリバー誘導砲弾の命中前、写真右が命中した瞬間（写真：ウクライナ陸軍）

ロシア連邦軍VSウクライナ軍　両軍の火砲と砲兵

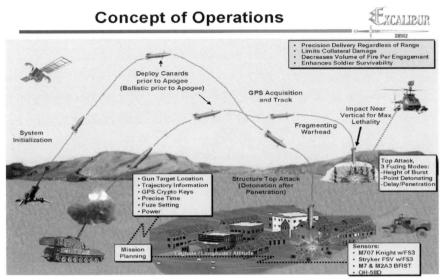

COLUMN図1-3　米軍が開発した「XM982エクスカリバー誘導砲弾」の運用構想図。現在は、仮制式を示す「X」が取れて「M928」という名称になっている（図版：米陸軍）

および防空レーダーなどだ。これらの施設は、一度開設・展開したら、その場所から動くことはまずない。

　これらの点目標をエクスカリバー誘導砲弾で射撃し、ロシア連邦軍の継戦能力を徐々に削いでいく。長期にわたる消耗戦では、これがボクシングのボディブローのように、ジワジワと効いてくるのだ。

　一方のロシア連邦軍は、こうした点目標を偽装・隠蔽の強化など、さまざまな手段で防護しようと、苦心しているようである。

　実戦経験豊富なベテラン将兵を多数失い、練度の低い新兵が補充されると、現場のノウハウが継承されなくなってしまう。このため、ロシア連邦軍は新たに「偽装・隠蔽マニュアル」を現地部隊に配布したようだ（COLUMN図1-4）。

　筆者は現役時代、陸上自衛隊の航空科

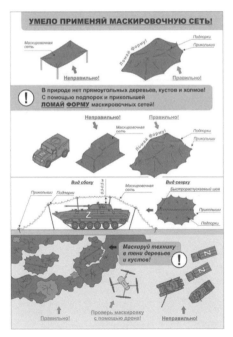

COLUMN図1-4　ロシア連邦軍の「偽装・隠蔽マニュアル」。偽装の現場ノウハウを継承させる目的で配布したようだ（図版：ロシア連邦軍教範より）

部隊に勤務していた。だから、機付き整備員として他部隊の幹部とともに、観測ヘリコプ ターOH-6に同乗し、上空からの偽装点検をたびたび行ったものである。地上にある天幕 も車両も航空機も、偽装の良し悪しで、その位置がすぐにバレてしまう。

　ロシア連邦軍が配布したマニュアルでは、「市販ドローンなどの無人偵察機で見られ ても、それがなんであるか判別できないようにせよ」と述べ、「物体の形状を崩す」か「ぼ かす」ようにしろ、としている。自然界には、直線状の樹木や地形地物は存在しないから だ。

　だが、こうした偽装テクニックは、初歩中の初歩である。それをあらためて徹底しなく てはならないほど、ロシア連邦軍の現場は混乱しているようだ。おそらく、世界でもっと も偽装術に長けた陸上自衛隊から見ると、ロシア連邦軍に同情したくなるだろう。

第3章
火砲の構造および機能

本章では、火砲の構造および機能について、そのメカニズムを細部まで解説する。

正面から見た、陸上自衛隊の「155mm榴弾砲 FH70」(写真:陸上自衛隊)

3-1 火砲の構造および各部の名称（例）

　本項では、火砲の基本的な構造と各部の名称について、「牽引式榴弾砲」を例に、図3-1で示す。それぞれの細部構造や機能については、3-3項以降で解説しよう。

　なお、自走榴弾砲については、構造上「砲塔部」と「車体部」に分かれている。

　また、砲塔をもたない自走榴弾砲は、「砲部」と「車体部」に区分される。牽引式榴弾砲も自走榴弾砲も、砲の部分は構造的に大きな違いはない。基本的に同一だ。したがって、3-3項以降で述べる「火砲の構造・機能」については、すべて牽引式榴弾砲を例としている。

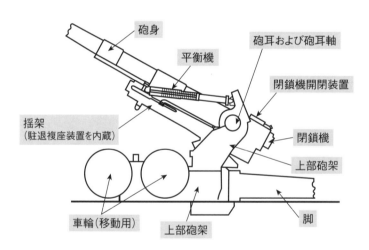

図3-1　火砲各部の名称

3-2

火砲の砲身（製造技術、構造および機能）

拳銃の銃身であれ、より大口径である火砲の砲身であれ、これらを英語でBarrel（樽の意味）と呼ぶ。中世時代、14世紀ごろの火砲は、樽の構造がそうだったように、鉄の板をタガで締めて造っていた。その後、15世紀になって青銅による鋳造砲身が製造できるようになった。青銅は、銅と錫の合金だが、これを銅90％、錫10％の比率としたものを砲身材料に使う。これを「砲金（英語でGun Metalと呼ぶ）」といい、摩耗や腐食に強く靭性に富む。

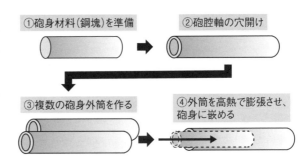

図3-2　層成砲身（装篏式）の製造過程（イメージ）

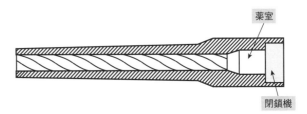

図3-3　戦車砲に多い単肉砲身の断面図（イメージ）

しかし、当時の青銅鋳造砲身は製造コストが高く、鋳鉄の砲身を均質に製造できるだけの冶金技術がなかった。このため、中世から近世に至るも、長らく青銅の火砲が主流だった。19世紀になると、鉄で砲身を製造するようになる。その後、砲身に外筒をかぶせて熱で膨張させ、冷えると締まる性質を利用し砲身の強度を向上させた。この方法で製造したのが「層成砲身（積層砲身とも呼ぶ）」だ（図3-2）。この自己緊縮性を利用したものを「自緊砲身」という。

こうして20世紀初頭には、外筒を嵌めない「単肉自緊砲身」も製造されるようになる（図3-3）。現代では、砲身材料に水圧や油圧をかけて高圧にしたり、加熱せず砲腔プラグを挿入して外側から叩いたりして（冷間鍛造、スウェージングという）自緊処理を施すが、膨張状態から収縮する際に生じる「残留応力」で砲身の強度が増す。

通常、単肉自緊砲身は戦車砲に多い。これに対して榴弾砲などは、水上戦闘艦（かつての戦艦など）に搭載する艦砲のように、自緊砲身の外側を筒で覆って焼嵌める方式の層成砲身が多い。

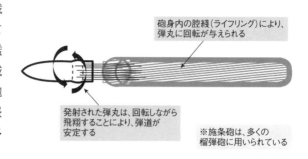

図3-4　施条砲（ライフル砲）と滑腔砲の違い

さて、こうして榴弾砲など火砲の砲身が作られるが、その構造や機能はどうなっているのか？**現代の火砲は施条砲（ライフル砲）と滑腔砲に大別される。**

前者の砲身内部には、ライフリングという**螺旋状の溝がある。**螺旋といっても、砲身の先端から根本部分ま

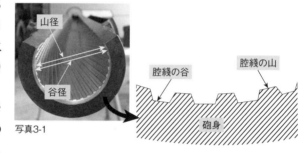

写真3-1

図3-5　山径と谷径

でで1～2回転するかしないか、という緩やかな溝だ。**この溝が砲弾に回転を与え、飛翔中の安定を図る**（**図3-4**）。昔の戦車砲と、現代の榴弾砲など多くの火砲がこの方式だ。施条砲の溝には「山」と「谷」があり、施条砲の口径は、「山径（溝の山と山を結んだ直径）」で表す（**図3-5、写真3-1**）。

一方、後者の滑腔砲は現代の戦車砲に多く用いられていて、**砲身には溝がない。**弾丸は矢のように細長く、翼で安定を図る（**図3-6**）。

施条砲も滑腔砲も、砲身の長さを表すとき、「○○口径」と呼ぶ。これは口径長といい、とある105mm榴弾砲の口径長が21だとすれば、$105 \times 21 = 2{,}205$mm、すなわち2.205mとなるので、砲身の長さを求めることができる。155mm榴弾砲FH70を例とすれば、39口径なので155mm×39が砲身の長さだ（**図3-7**）。

ここで、砲身の摩耗と点蝕・焼蝕（エロージョン）そして耐用命数について、考えてみよう。まず、砲身の摩耗だが、ライフリングの溝がある火砲の砲身は、砲弾に回転を与えることにより、命中精度を維持している。

ある火砲の砲身が、射撃を何度も重ねるうちに**摩耗して、砲弾に十分な回転を与えられなくなると、その砲身は「寿命がきた」**ことになる。一般的に、火砲はタマの初速が速

火砲の砲身（製造技術、構造および機能）

いほど、大口径になるほど砲身の耐用命数は短い。たとえば、戦艦大和の46cm主砲は耐用命数が約200発だ。これに対しFH70の場合、約3,000発といわれており、この数値に達したら砲身を交換しなくてはならない。

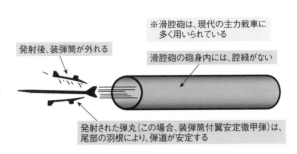

図3-6　滑腔砲

次は点蝕および焼蝕だが、これは砲身内部の表面に生じる損傷だ。射撃の際、発射装薬が燃焼して砲身内部は高温高圧となるが、何度も射撃を繰り返すうちに、**砲身内面に痘痕状の損傷が生じて**しまう。この現象を「点蝕」と呼ぶ。

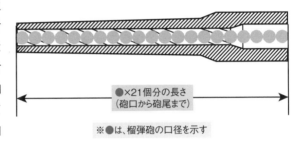

図3-7　火砲（榴弾砲）の「口径長」とは（イメージ）

また、**砲身内面が焼けた**ようになる損傷が「焼蝕」で、実弾射撃はもちろん、礼砲射撃や訓練展示の模擬戦で使う「空包」の射撃でも起きる。写真は榴弾砲ではなく英国のヴィッカースL7戦車砲のものだが、左の正常な状態と、右の点蝕が生じた状態を比較すれば、損傷の酷さがわかるだろう（**写真3-2、3-3**）。

写真3-2　榴弾砲ではなく、105mm戦車砲「ヴィッカースL7」のものだが、正常な状態の砲身内部

写真3-3　点蝕が発生した、105mm戦車砲「ヴィッカースL7」の砲身内部および薬室

点蝕・焼蝕を早期発見するため、自衛隊や諸外国軍では、補給処が年1回の技術検査などを行っている。このときに砲身を切断して調べるわけにいかない。そこで、非破壊検査をするのだが、内視鏡(ボア・スコープ)の光源を工夫して、砲腔先端のライフリングまでも検査を行う。

写真3-4　2007年のイラク戦争で射撃中の「155mm榴弾砲M198」。砲口に取りつけられた「マズル・ブレーキ」両側面から、砲腔爆風が生じている
（写真：米海兵隊）

最後に砲身の付属部品だが、現代の榴弾砲には、砲身先端に「砲口制退機（マズル・ブレーキ）」がついている。これは、火砲の射撃で生じる**砲腔爆風（発射ガス）を減少させる**と同時に、反動による**火砲の後退を抑制する**のが目的だ（**写真3-4**）。

榴弾砲など大口径火砲の砲腔爆風は、火砲のみならず、人体にも大きな危険をおよぼす。また、連続射撃で砲身が熱を帯び、自然発火（クックオフ）も起きる。そこで火砲には、**毎分3発とか4発といったように、最大発射速度および持続発射速度が定められている**。

この速度、すなわち教範や取り扱い書に記されたカタログ値を超えて射撃すると、火砲の操作要員に危険が生じるからだ。なにしろ射撃時に生じる砲腔爆風は、その衝撃波により人体を圧迫する。もし、**最大発射速度および持続発射速度を超えて長時間にわたり連続射撃すると、人体の血液中に気泡が生じ、最悪の場合は死んでしまう**。このため、1日あたりの発射弾数に応じ、砲側要員を適宜休憩または交代させ、射撃を継続しなくてはならない。

また、**火砲の射撃音も大口径になるほど凄まじい。もし、耳栓をしないで射撃したら、難聴になるのは確実**であろう。それどころか**最悪、鼓膜が損傷**しかねない。さらに砲腔爆風が危険な一方で、**火砲の後方爆風もまた危険**である。

火砲のうちで榴弾砲などであれば、砲尾に閉鎖機があるので後方爆風は生じない。しかし、無反動砲やロケット弾発射機は、発射薬の燃焼にともなうガスを後方へ盛大に噴出する（**写真3-5**）。

ロケット弾発射機の後方爆風は、人を死傷させるが、無反動砲はその程度ですまない。

火砲の砲身（製造技術、構造および機能）

自衛隊で殉職者がでたと聞かないが、外国軍では、無反動砲の後方爆風で何人も死んでいる。なにしろ、無反動砲の後方爆風は、人体の上半身が千切れて即死するほど強烈なのだ。

ウクライナ・ロシア戦争の映像を見ると、ロシア連邦軍の兵士は、ろくに後方確認もせず

写真3-5　2013年、米軍との共同訓練における、アフガニスタン政府軍兵士によるRPG-7ロケット弾発射機の射撃。後方爆風が生じた瞬間（写真：米海兵隊）

携帯型ロケット弾発射機（いわゆる、RPGの類い）を撃っている。特に散見されるのが、敵にばかり意識が集中して周囲の状況などまったく目に入らずに撃ち、同僚兵士を死傷させるケースが多い。自衛隊では考えられないほど杜撰な安全管理と、低練度が相まって、こうした事故が起きる。とはいえ、戦場でも平時と変わらぬ安全管理を維持するのは、なかなか難しい。しかし、だからといって射撃直前に周囲へ大声で注意喚起すらしないと、味方も死傷させることになるのだ。

3-3 俯仰装置

　火砲は、射撃の際に射程を調節するとき、装薬を減らすことで射程を短くできる。では、目標よりも少しだけ奥に弾着したときなど、装薬を減らすことなく「射程の微調整」をするにはどうすればよいのだろうか？

　ほんの少し手前を撃つには、砲身の俯仰角をわずかに下げて射撃すればよい。逆に目標より少し先へ弾

図3-8　19世紀後半の南北戦争ごろは、螺旋式俯仰装置が使用されていたが、現代では歯弧式（右写真）が一般的だ

着させたいなら、砲身の仰角をわずかに上げるのだ。このため、**火砲には俯仰装置**（「仰俯装置」または「高低装置」とも呼ぶ）がついている。俯仰装置のうち「**螺旋式**」は、砲身をネジの原理で上下させ、俯仰角を調整するものだ（**図3-8**）。

　「螺旋式」には「**単螺式**」と「**複螺式**」がある。前者は、古い時代の火砲に多く用いられた。砲尾に対して垂直方向に取りつけたネジを手動で回転させ、砲身を上下する仕組みだ。

　しかし、この方式ではハンドルを何度も回転させ、ネジを伸縮させなくてはならない。そこで、後者の「複螺式」が使用されてきた。これは、太いネジの中に、逆方向に回転する細いネジがある構造だ。単螺式とネジの回転数が同じでも、2倍伸縮するようになっている。

　次に「**歯弧式**」は、歯車の原理で砲身を上下させる方式だ（**写真3-6**、赤い丸で示した部分）。ピニオンギアやウォームギアなどの歯車が、歯弧の溝とかみあっており、ハンドルを回すと砲身が上下する。螺旋式よりも大きな角度調整ができるため、20世紀初頭ごろから多くの火砲に使用されるようになった。このほか「**油圧式**」や「**電気式**」もあり、自走砲や艦砲などに用いられている。

写真3-6　FH70の俯仰角装置（歯弧式）拡大写真

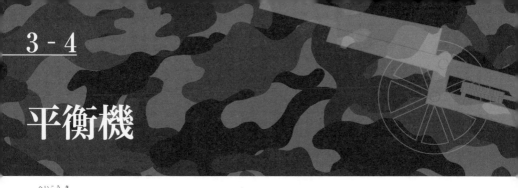

3-4 平衡機

　平衡機とは、砲身のバランスを取るための装置である。火砲の砲身は高い仰角で撃てるように、砲身を支える軸(すなわち、砲耳軸)は、砲身の重心よりも後方にあるのが一般的だ。このため、砲身は支点となる砲耳軸に対して不均衡となる。このバランスを保つのが、平衡機なのだ。

　第二次大戦時の火砲とか、あるいはもっと昔の火砲は、現代の火砲よりも砲身が短かった。たとえば、日露戦争当時に日露両軍が使用した火砲は、有坂砲と呼ばれた「三十一年式野砲」にしても、ロシア帝国軍の「76mm野砲M1900」にしても、砲身が短いわりに車輪が大きい。南北戦争や日清戦争当時など18世紀や19世紀の火砲は、もっと砲身が短かった。長砲身で小さなゴムタイヤ式車輪をもつ、スマートな外観の榴弾砲を見慣れた現代人の目からすれば、違和感を覚えるほどだろう。

　このように、昔の火砲は重心が砲身の後方にあった。だから、重心の不均衡はそれほど問題とはならなかった。その後、火砲の砲身が徐々に長くなり、重心も前方へ移動するにつれて、バランスの維持が容易ではなくなった。このため、平衡機が考案されることになったのだ。

　平衡機には「バネ式」、「トーションバー式」、「液気圧式」などがある。バネ式はバネの張力を利用したもので、バネに作用する力の方向により、「引き下げ式(図3-9)」と「押し上げ式(図3-10)」に大別される。

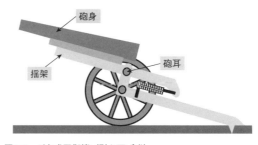

図3-9　バネ式平衡機(引き下げ式)

　引き下げ式は、砲身が自重で下がろうとする力に対し、ピストンがバネを引っぱることで抵抗力が

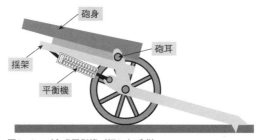

図3-10　バネ式平衡機(押し上げ式)

生じ、バランスを取る仕組みだ。一方、押し上げ式は逆に、砲身の自重でバネが押され、その反発力でバランスを取る。

　トーションバー式は、戦車のサスペンションに用いられていることで知られるが、**機関砲など中口径の火砲に使われる**ことが多い。これは、ねじり棒がもとに戻ろうとする反発力を利用したものだ。液気圧式は、金属製のバネではなく、窒素などの圧縮されたガスが封入されたシリンダーを使う。おもに大型の榴弾砲などに使用されることが多い（**写真3-7**）。

写真3-7　英国が第二次世界大戦時に使用した「BL-5.5インチ中砲」。砲身の両側面にある垂直の部品がシリンダー。ほかの火砲よりも、目立ってわかりやすい（出典：Wikipedia）

3-5 駐退機と複座機、駐退複座装置

　その昔、中世時代の火砲には車輪がついていなかった。当時の火砲は攻城砲として用いられたので、車輪をつける発想がなかったのだ。その後、火砲の砲架に車輪をつけて、野戦砲として機動力をもつようになる。ここで問題となったのが、**射撃のたびに反動が生じて、火砲がゴロゴロ・ガラガラと後退してしまう**ことだった。

　このため、砲兵は1発撃つたびに、火砲をもとの位置に戻し、照準し直すことになる。したがって、昔の火砲は次弾を発射するまで、かなりの時間を要したのだ。そうした状況が近世どころか近代になるまで長く続いたが、やがてバネを利用して反動を吸収する「駐退機」が発明された。19世紀末ごろのことである。

　こうした初期の駐退機は、バネの反発力だけを利用していたが、この方法だと何度も射撃しているうちに、バネは破損してしまう。そこで、駐退機の内部に作動油というオイル（グリセリンなど）を入れ、ピストンが前後してバネを圧縮するときにかかるショックを和らげるようにした。この方式を「液バネ式」という（**図3-11左**）。

　また、射撃時の反動で後退した砲身をバネでもとに戻す「複座機」も発明され、駐退機とともに装備されるようになる。この両者を一体化したものが、「駐退複座装置」だ。

　さらに19世紀末、「液気圧式」が発明され、フランスの「**75mm野砲M1897**」（**写真3-8**）が世界に先駆けてこれを装備した。現代では、駐退機と複座機を一体化した駐退複座装置が多くの火砲に装備されるようになったが、その主流は「液気圧式」（**図3-11右**）である。75mm野砲M1897が出現当時、いかに先進的だったかわかるだろう。

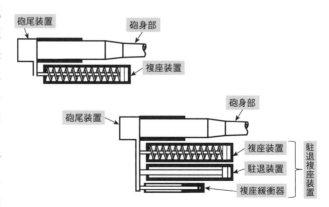

図3-11　液バネ式駐退機（左）と、液気圧式の駐退複座装置（右）のイメージ

また、駐退複座装置には、「同心液バネ式」という方式もある。これはバネの中心軸を、火砲の砲腔軸と一致させたものだ。火砲の砲身を包むような構造となっているが、この方式は引退した「74式105mm自走榴弾砲」も装備していた（**写真3-9**）。

写真3-8　フランスの「75mm野砲M1897」。世界で初めて「液気圧式」の駐退複座装置を装備した、先進的な火砲だった（出典：Wikipedia）

写真3-9　かつて装備されていた「74式105mm自走榴弾砲」。同心液バネ式の駐退複座装置をもつ（出典：Wikipedia）

3-6

閉鎖機の構造と機能

　閉鎖機とは、火砲がタマを装填後、砲尾を閉鎖するための重要部品である。先込め式の前装砲から、後込め式の後装砲へ進化した当初は、閂状(かんぬき)の部品で閉鎖するなど、原始的で面倒なものだった。これが、より近代的な火砲になると、ネジの原理で閉鎖（図3-12）する「螺旋式閉鎖機（螺式とも呼ぶ）」が使われた。

　この方式では、閉鎖機と砲尾環の両方にネジ山を切ってあるので、閉鎖するには何十回もハンドルを回すことになる。幕末に日本が輸入した、後装式火砲の英国製「アームストロング砲」もそうだ。アームストロング砲の閉鎖機は、螺旋式のネジと垂直鎖栓を組み合わせたものである。厳密にいえば、ネジは数回転させるだけだが、いちいち装填時に鎖栓を取りだすのは、実用性の点で現実的ではない。

　そこで、「隔螺式閉鎖機」が考案された。これも螺旋式と同様に、ボルトとナットによる「ネジの原理」を応用したものである。ボルトを「閉鎖機」、ナットを「砲尾環」に置き換えて考えてみよう。螺旋式と隔螺式の違いは、ネジ山の面積だ。螺旋式は閉鎖機の全周にわたってネジ山が切ってある。これに対し隔螺式は、雄・雌各々のネジ山を円周の半分ほど除去してある。そうすれば、閉鎖機を何十回も回転させることなく、閉鎖機の本体を

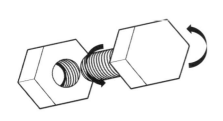

写真3-10
帝政ロシアの「122mm榴弾砲M1910」の隔螺式閉鎖機

ネジ山の溝がある部分と、ない部分の違いが明瞭にわかる

閉鎖機にネジの原理を応用する際、そのままでは何十回もハンドルを回すことになる

そこで、ネジ山を全周の半分だけ除去し、わずかに回転させれば溝がかみあうようにした

図3-12　閉鎖機の構造と機能（イメージ）その1

まっすぐに押し込むことができる(図3-12中の写真3-10)。

この状態では、砲尾環側のネジ山がない部分に、閉鎖機のネジ山が位置しているわけだ。そこで、閉鎖

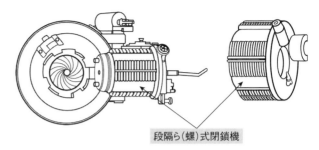

図3-13 段隔螺式閉鎖機の例（図版：防衛装備庁）

機本体を半回転させると、相互のネジ山がかみあい固定される。これが、隔螺式閉鎖機の仕組みだ。さらに、この隔螺式閉鎖機を**英国のウェリンが改良したものが「段隔螺式閉鎖機**」である。ネジ山部分の直径が階段状に大きくなるようにすることで、隔螺式よりも迅速に砲尾を閉鎖できるようになった(**図3-13**)。

しかし、隔螺式にせよ段隔螺式にせよ、その火砲の弾薬が薬莢式の「固定弾」であれば、発射時のガスが後方へ漏れることはない。ところが、**薬莢式ではなく「分離装填弾（後述）」**を使う火砲は、ガス漏れを防ぐ「**緊塞具**」という部品が必要だ。そこでさまざまな方式が考案されたが、実用性の高い緊塞具は、1860年代に米国のブロドウェルが開発した円盤型が初であろう。

その後、1872年にフランスのド・バンジュが、キノコ型の「遊頭」とリング状をした石綿の「塞環」を組み合わせた緊塞具を開発した（**図3-14**)。このド・バンジュ式緊塞具は、発射ガスの閉塞に優れた効果を発揮したので、世界各国軍で採用・模倣された。21世紀

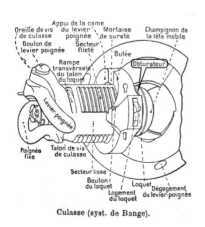
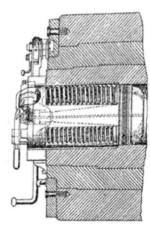

図3-14（左）　少々わかりづらいのだが、丸で示した部分がド・バンジュ式緊塞具
図3-14（右）　ド・バンジュ90mm野砲の砲尾部分断面図。隔螺式閉鎖機と、ド・バンジュ式緊塞具の位置関係を示している

閉鎖機の構造と機能

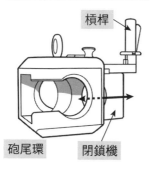

「水平鎖栓式閉鎖機」は、鎖栓が水平方向にスライドする閉鎖方法で、旧式火砲に多く用いられた。
一方、「垂直鎖栓式閉鎖機」は、鎖栓が垂直に動作する。
写真3-11は、FH70の閉鎖機(防衛省規格(火器用語)をもとに作成)

図3-15　水平鎖栓式と垂直鎖栓式の閉鎖機

の現代でも、分離装填弾の緊塞具といえば、ド・バンジュ式なのである。

このように、榴弾砲など火砲の閉鎖機としては、隔螺式閉鎖機とその改良型である段隔螺式閉鎖機があることは述べた。ほかの種類としては「鎖栓式閉鎖機」がある。これは「水平鎖栓式閉鎖機」と「垂直鎖栓式閉鎖機」に大別され、前者は古い火砲に多く見られ

写真3-12　155mm榴弾砲FH70の垂直鎖栓式閉鎖機と「緊塞具(丸内)」(写真：イタリア陸軍第1山岳砲兵連隊)

た形式だ。「鎖栓」というブロック状の部品が、文字どおり水平方向に動く（図3-15）。一方、後者は逆に、鎖栓が垂直方向に動作するものである。こちらは、陸上自衛隊も採用している「155mm榴弾砲FH70」に用いられている（図3-15中の写真3-11）。

さて、一般的に鎖栓式閉鎖機は、薬莢自体が発射ガスの緊塞を行う。だから、薬莢式のタマを使う戦車砲などは、この方式の閉鎖機だ。しかし、FH70は薬嚢式の装薬を用いた分離装填弾使用火砲でありながら、垂直鎖栓式閉鎖機をもつ。では、FH70はどのようにして発射ガスの緊塞を行っているのだろうか？

FH70の場合は、鎖栓が閉鎖すると同時に、2本のアームが動作してド・バンジュ式ガス緊塞環がセットされ、密閉状態を作りだす（写真3-12）。この方式を「Split Block Bleech」と呼ぶ。

ちなみに、英国の元砲兵で、退役後は火砲研究の第一人者として知られる「イアン・ヴァーノン・フォッグ氏」も、著書でこの方式について言及している（図3-16）。

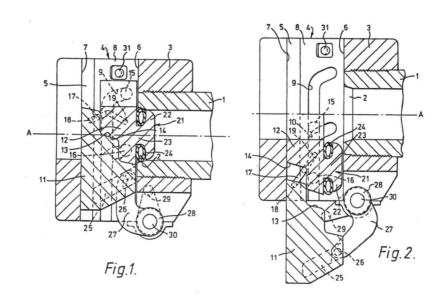

図3-16　Split Block Breech（スプリット・ブロック・ブリーチ）方式による閉鎖機の作動を示した図
（図版：欧州特許庁）

3-7

砲架・揺架の構造と機能

「砲架」とは、射撃および移動間に砲身を支持する部分で、火砲の砲身を除いたほかのすべての部分といってよいだろう。火砲によっては、上部砲架と下部砲架に分かれている構造も多い。

砲架は、①揺架・②滑動体または駐退複座装置③俯仰装置・④平衡機・⑤方向装置・⑥操向装置および車輪などから構成される（図3-17）。

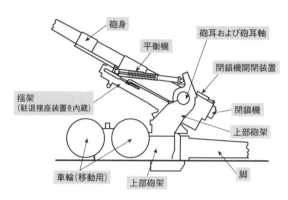

図3-17　砲架と揺架の構造

また砲架は、砲座とも呼ばれることがある。この表現は、おもに高射砲や要塞に用いる

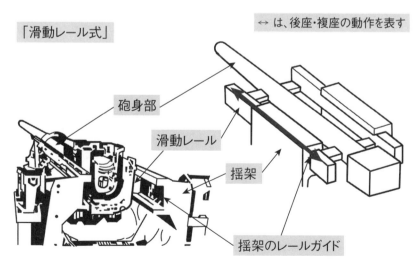

図3-18　砲架の構造および砲身との関係（イメージ）

固定式火砲に用いられるもので、砲架と砲座を明確に区分する定義はない。

ただし、一般的に砲架は移動可能な牽引式火砲に用いられる用語で、砲座は沿岸要塞などの固定式火砲において、砲手が乗って操作する部分を指す。

さて次は「揺架」だが、砲身および滑動体を支えるのが役目だ。火砲により、滑動体の有無で揺架の構造が異なっており、滑動体をもつものは、射撃の都度、滑動体が砲身とともにスライドし、後座（砲身が後方へ下がること）・複座（後座した砲身が前方へ戻ること）する。

火砲の射撃で砲身が後座・複座するとき、揺架の構造により、さまざまな方式がある。「滑動レール式」（図3-18）は、滑動レールが砲身とともに、レールガイドに沿ってスライドし、後座・複座する仕組みだ。

一方、「滑動体式」は砲身と一体化した滑動体という部分が揺架上をスライドすることにより、後座・複座する構造になっている（図3-19）。

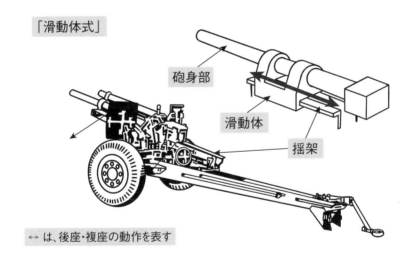

図3-19 「滑動体式」は、砲身と一体化した滑動体が、揺架上をスライドし、後座・複座する（図版：防衛省企画（火器用語）をもとに作成）

3-8

脚および駐鋤の構造と機能

脚とは、砲架の一部をなす大きな部品である。榴弾砲などの火砲を安定させると同時に、射撃時の反動を地面に伝えるのが役目だ。

これに対し駐鋤は、脚の末端にある鋤状の部品で（図3-20）、ここが地面に食い込むように穴を掘り、射撃時の反動で火砲が後退するのを防ぐ。火砲によっては、射撃時の反動で何トンもある本体が跳ね上がるほどだ。しかし、それでも駐鋤の効果により、火砲の後退は最小限に抑制できる。

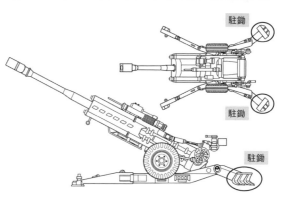

図3-20　米国が開発した「155mm榴弾砲M777」の外観。丸印で示した部分が「駐鋤」（図版：米軍技術教範より）

また、脚は単脚式と開脚式に大別される。このうち単脚式は、近代以前の古い火砲に見られるもので、箱状または円筒状の断面をしていることが多い。19世紀末ころまでの火砲は、ほぼ単脚式だったと思えばよい（写真3-13）。

しかし、単脚式だと左右の方向を調整するとき、脚そのものを動かさないといけない上に、大きな仰角を取れないのが難点だった。そこで、20世紀には開脚式の火砲が出現する。

開脚式は、脚の本数により2脚式、3脚式、4脚式などがある。なかには、日本陸軍の「八八式七糎野戦高射砲」のように、脚を5本もつものも存在した。近代以降の火砲は、ほぼ例外なく開脚式だが、なかでも2脚式はもっとも一般的なも

写真3-13　単脚式火砲の例、日本陸軍の「三八式野砲」。独クルップ社に設計を依頼し、大阪砲兵工廠で国産化したが、日露戦争には間に合わなかった

のだろう。砲を布置するときに開脚し、逆に牽引時は2本に分かれた脚を閉じる。

3脚式は、火砲の後方に2脚があるほか、前方にも脚を配置したレイアウトをもつ、比較的めずらしい構造だ。4脚式は、昔の高射砲に多い方式であり、360度の全周方向に旋回できる（**写真3-14**）。近年開発された火砲では、米軍の155mm榴弾砲M777がこの方式だ。

射撃ジャッキは、牽引式火砲を地上に布置する際、地上から車輪を浮かせて脚と駐鋤により火砲を支持するために使う。ジャッキを手動操作して、油圧で車輪を上げるのだ。射撃ジャッキには縦ジャッキと横ジャッキがあるが、縦ジャッキのほうが余計な筋力を使わずにすむ。

筆者は、現役自衛官だった時代、仙台駐屯地に所在していた第2特科群（当時）を研修した。操砲訓練を体験したが、それだけで重労働である。射撃前の準備で砲を布置するとき、筆者などは榴弾砲のジャッキを操作するだけで、疲労困憊することだろう。

写真3-14　第二次世界大戦で活躍した、ドイツ国防軍の「88mm高射砲」。当時の高射砲は、4脚式が多い

3-9 方向装置・操向装置・車輪

　方向装置は、牽引式火砲の砲身を水平方向（左右）に動かすためのもので、「車軸式」と「ピントル式」に大別される（図3-21）。

　「車軸式」は、脚が開閉しない単脚式の古い牽引砲に多く用いられてきた。構造は簡単で、ネジの原理で車軸上の歯車を回す。すると、砲身が車軸上を左右にスライドするが、砲身を左右に旋回させることはできない。

　一方で「ピントル式」は、開脚式の近代的な牽引砲に用いられる方式だ。上部砲架にピントルという軸があり、ここを中心にして砲身が左右に向く。通常、ハンドル操作で歯車を回すが、FH70の場合は左右に56度（500ミル）旋回できる。ほかに、昔の高射砲に多く用いられた「リングギア式」があり、360度の全周旋回が可能だ。

　次に操向装置（ステアリング装置）だが、これは牽引式火砲が道路のカーブを通過するときなど、牽引車の走行に合わせ、スムーズに追従できるようにするものだ。

　ちなみに操向装置は、各国の砲兵が火砲を自動車牽引する以前から、馬車にも備わっていた。そして米軍以外の各国軍は、第二次世界大戦に至っても、馬車で火砲を牽引していたのである。

　さて、その操向装置には、牽引車との結合部だけを支点にする「単軸式」、前車軸の中心を支点に曲がる「第五車輪式」、前車軸そのものがステアリングする「自動式」などが

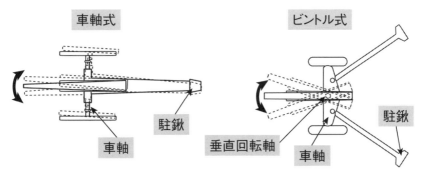

図3-21　牽引砲の方向装置（イメージ）。車軸式とピントル式に大別される（図版：防衛省規格（火器用語）をもとに作成）

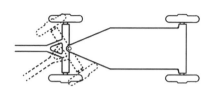
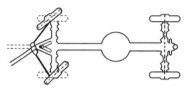

図3-22　牽引砲の操向装置（イメージ）。牽引時のスムーズな走行を可能とする装置だ（図版：防衛省規格（火器用語）をもとに作成）

ある（**図3-22**）。もし、牽引砲に操向装置が装備されていなければ、カーブを通過するとき、車輪が4輪とも引きずられてスムーズに曲がれない。このため、操向装置は牽引砲に不可欠な装置の1つだ。

最後に「車輪」だが、第二次大戦時の日本陸軍など、牽引式火砲の多くは木製スポークに鉄輪帯だった。現代では、牽引砲の車輪といえば、空気入りでチューブ式またはチューブレスのゴムタイヤが常識である。

さらに今日では、**牽引式火砲の車輪に「駐停車用ブレーキ」が標準装備されて**久しい。これはエアーブレーキで、牽引車のトラックから供給される圧縮空気を利用したものだ（**写真3-15**）。傾斜した路面においては、牽引車だけでなく火砲にもブレーキがあったほうがよいのは、容易に想像できるだろう。

写真3-15　FH70のブレーキホースは、トラックの"丸で示した部分"に接続する（写真：陸上自衛隊）

3 - 10
照準装置・射撃指揮装置 (FCS)

　前述したように、榴弾砲など砲兵の火砲は、間接照準射撃を行う火器である。では、目標が直接見えない遠方をどうやって照準するのか？　細部は後述するが、まずは「**射向の付与**」という作業が必要だ。火砲を射撃陣地に据えたとき、砲身が敵と180度逆方向ということはありえない。しかし、砲身を左右どちらへ何ミル向けるか、照準装置を使い概略方向を定める必要がある。この作業が射向付与である。牽引式榴弾砲の場合、眼鏡託座に「パノラマ眼鏡」が装着されており、これを用いて射向付与を行う。

　一方、自走榴弾砲などの場合は、パノラマ眼鏡など固有の照準装置のほかに、**射撃統制装置 (FCS)** というものが装備されている。射撃統制装置は一種の弾道計算用コンピュータといってよく、各種センサーから得た射撃諸元を自動で処理し、最適な方位角および射角で撃つためのものだ。この射撃統制装置は、戦術級の指揮システム（C4Iという）と連接しており、近年の各国軍砲兵部隊では、**砲兵用戦術ネットワーク・システム**に組み込まれて戦うのが一般的となってきた。これは、すごいことである。

　なにしろ21世紀の軍隊では、20世紀末から**軍事情報革命**が進行中である。これを「RMA」と呼ぶ。IT技術の進歩を戦術に応用すれば、軍隊の作戦行動はより迅速正確かつ柔軟となる。

　コンピュータを用いた射撃統制装置は1960年代から存在し、デジタル・コンピュータも当時すでに実用化されていた。だが、半導体技術が未発達な時代のことだ。デジタル・コンピュータといっても、LSIどころかIC式ですらなく、トランジスタ式の射撃統制装置である。

　第二次世界大戦当時のアナログな機械式射撃指揮装置は、多数の真空管を使用していたが、トランジスタ式になって小型軽量化が実現した。こうして1960年代半ばには、米陸軍砲兵部隊では「M18型FADAC（ファダック）（野戦砲兵デジタル計算機）」が世界に先駆けて実用化され、ベトナム戦争で実戦投入されている（**写真3-16**）。

写真3-16　米陸軍砲兵用射撃指揮装置の「FADAC」

だが、現代のようにリアルタイムで情報処理することは不可能だった。そのためには、砲兵用戦術ネットワーク・システムの実現まで待たねばならなかったのだ。
　この砲兵用戦術ネットワーク・システムにより、自車の位置はもちろん、既知の敵および友軍部隊の位置、目標の座標などをデータリンク機能で僚車と情報共有できる。米陸軍の場合、「陸軍戦闘指揮システム（ABCS）」と呼ぶC4Iシステムがあり（**写真3-17**）、その中に「先進野戦砲兵戦術情報システム（AFATDS）」というサブ・システムがある。
　これにM109自走榴弾砲などの射撃統制装置がリンクして、ネットワーク火力戦闘を行うのだ。陸上自衛隊の99式155mm自走榴弾砲も類似の機能をもち、野戦特科射撃指揮装置（FADAC）と連接してネットワーク火力戦闘が可能になっている（**写真3-18**）。

写真3-17　米陸軍の旅団以下戦術ネットワーク・システム「FBCB2」の車載端末および携帯端末（左）、共通戦術状況図の例（右）。砲兵のAFATDSも、これと類似した機材と画面をもつ射撃指揮装置の「FADAC」（写真：米陸軍）

写真3-18　シェルター車載式の「火力戦闘指揮統制システム（FCCS）」外観（写真左）と射撃諸元を処理中の隊員（右）。他国軍も類似のシステムを保有している（写真：防衛省技術研究本部（現防衛装備庁）ホームページより）

3-11 牽引車の構造および機能

　火砲の牽引車は、砲兵トラクターとも呼ばれる。牽引式火砲を牽引するほか、砲の操作を行う砲側要員の輸送、弾薬その他の輸送に用いる車両だ。

　第二次世界大戦時など、昔は火砲を馬で牽引していたものだが、現代の軍隊には騎兵の馬はもちろん、砲兵の馬もいない（**図3-23**）。だから、砲兵の牽引車といえば、現代ではトラックなどの「装輪式牽引車」と、履帯で走行する「装軌式牽引車」に大別される。

　装軌式牽引車の車内容積は「APC（装甲兵員輸送車）」などと同等か、少し大きく広い。火砲の牽引力が重視されるので、最大速度は牽引時で30〜60km台である。米国が開発し、自衛隊も使用したM4およびM5そしてM8牽引車は、正式には「高速牽引車」と呼ぶ。

図3-23　4頭立てにおける、馬匹牽引時の馬。現代の砲兵で、式典のときを除き、火砲の牽引に馬を使う軍隊は存在しないだろう（出典：Wikipedia）

写真3-19　米陸軍のM4牽引車。1953年には日本にも供与され、自衛隊で使われた（写真：米陸軍）

戦車部隊に追随可能な速度を発揮できることから、わざわざ「高速」とうたっている（**写真3-19**）。現代では、軍民のトラックが性能向上したため、第二次世界大戦後に開発された装軌式牽引車は、ソ連の「MT-LB」や日本の「73式けん引車」くらいだ。

　「装輪式牽引車」は、大型トラックなどの車体を流用したもので、国によっては市販車のトラックを使用することもある。120mm級の重迫撃砲や105mm級の榴弾砲であれば、ジープ級の四輪駆動車でも牽引はできる。しかし、155mm級の牽引式榴弾砲には、より大出力の中型以上のトラックが使われる。

　陸上自衛隊では、「中砲けん引車」という名称のトラックを使う（**写真3-20**）。これは、

写真3-20　富士総合火力演習にて、155mm榴弾砲FH70を牽引中の「中砲けん引車」
（写真：あかぎ ひろゆき）

74式特大型トラックの改造版であり、多国軍も同クラスの類似車両を使っている。もちろん、軍用トラックの代用に民間車両も使えるが、最初から車体についている牽引フックでは、強度不足で牽引できないことも多い。

このため、軍用車両についている「ピントル式牽引フック」がない場合、現地調達できる材料のみを使用して、強度的に十分な牽引フックを手作りする必要があるだろう。

最後に「農業用トラクター」だが、これは軍隊の装備品ではない。**火砲牽引を行うトラックの代用牽引車**である。ウクライナ・ロシア戦争におけるロシア連邦軍は、装甲兵員輸送車や装甲歩兵戦闘車が多数撃破されて不足し、トラックすら足りずに困窮しているという。そこで、鹵獲した農業用のトラクターを使うようになった（**写真3-21**）。

写真3-21　火砲の牽引車が不足しているウクライナ軍やロシア連邦軍は、このような農業用大型トラクターまで動員し、牽引式榴弾砲を曳いている
（写真：ウクライナ国防省）

牽引車の構造および機能

　侵攻当初は、占領地行政の担当部隊がルーブルを支払い、真面目に現地調達していたそうだ。だが、電撃戦失敗でロシア連邦軍の士気が低下し、早々に軍票すら支払わず、略奪が横行した。農業用トラクターも略奪品か、徴発したものである。

　しかし、ロシア連邦軍はその後の戦闘によるトラック不足で、**農業用トラクターすら払拭してしまう**。ロシア連邦軍の歩兵は、文字どおり徒歩するしかなくなった。このため、第二次世界大戦当時のソ連軍がそうであったように、戦車の砲塔など車体外部に人員を便乗させる「戦車跨乗」が常態化している。

　そればかりか、本来は偵察や伝令に使うオートバイや、ゴルフカートのようなオープントップのバギー型無蓋車まで多数を戦闘に投入しているほどだ。市販ドローン改造機などの航空攻撃から防護するため、網と柵で作った囲いこそ装着しているが、装甲は皆無である。これらの軽車両で歩兵部隊が無謀な攻撃前進を行えば、突撃に至る前に全滅するのも無理はない。

　そのような惨状なので、火砲の牽引車も不足して、**砲兵は鹵獲した農業用のトラクターまで動員している**という。徒歩するしかない歩兵と違い、現代の火砲は重すぎて人力で押したり曳いたりは不可能だ。ウクライナ軍も、ロシア連邦軍ほど酷くはないが、火砲を牽引するトラックが不足しており、代用品として農業用トラクターを使用している。

3 - 12
ロケット弾発射機と弾薬の構造および機能

　ロケット弾発射機とは砲身をもたず、筒やレール状あるいは箱状の装置からロケット弾を発射する火器である。そのロケット弾は、自身が推進力をもち、発射機も火砲のように複雑な構造ではなく、至ってシンプルだ。ロケット弾発射機にはM20ロケット発射筒(いわゆる、バズーカ)のような兵士が携帯できるものから、牽引式や自走式の大型なものまで、さまざまなものがある。

　このうち携帯式には、「RPG-7」や「パンツアーファウスト3」のような、ロケット弾を筒の先端に装着するものと、筒や箱の内部にロケット弾を装填したものに大別される。後者はたいていの場合使い捨てで、米国がベトナム戦争で使用した「M72」や、北九州の暴力団が密輸したとされる、旧ソ連の「RPG-28」が有名だろう。

　携帯式だと、映画「コマンドー」にも登場した「M202」のように、重量的に4連装が限界と思われる。これが牽引式や自走式になると、10連装以上のロケット弾を装備するのもめずらしいことではない。

写真3-22　牽引式ロケット弾発射機の例。第二次世界大戦時に使用された、ドイツ軍の「ネーベルベルファー41型」(出典：Wikipedia)

　牽引式は、第二次世界大戦時には、ドイツ軍の「ネーベルベルファー41型」(**写真3-22**)など数種類が運用されていたものだ。今では廃れ、中国軍など一部の国しか装備していない。

　装軌式は、自走砲のように履帯(キャタピラ)をもつロケット弾発射機で、米国の「MLRS」が有名である。装

写真3-23　ロシア連邦軍の多連装ロケット弾発射機「BM-30スメルチ」。トラック型の自走式だ (出典：Wikipedia)

78

輪式は、トラックやタイヤ式の装甲車両にロケット弾発射機を載せたもので、米国が開発してウクライナにも供与した「HIMARS」や、ロシア連邦軍の「BM-30スメルチ」などがある（**写真3-23**）。

このほか、ピックアップ・トラックの荷台に牽引式ロケット弾発射機を載せ、タイヤを外して車載式で使われることも多い。

この場合、たいていは中東やアフリカの武装テロ組織がそうであり、トヨタ製のピックアップ・トラックに、中国製の「63式107mmロケット弾発射機（中国語の簡体字で毫米火箭炮と書く）」を載せて使う。

多連装ロケット弾発射機の利点は、「広い地域を一度に制圧できること」だ。榴弾砲などの火砲に比べて命中精度は劣るが、一定の面積に対して短時間で多数のロケット弾を撃ち込むことができる。つまり、ロケット弾発射機とは、戦場のある地域に対してピンポイントで射撃するのではなく、一挙に「面制圧」することを目的とした武器なのだ。

確かに、榴弾砲なども中隊単位で斉射すれば、「面制圧」を行うことができる。しかし、多連装ロケット弾発射機であれば、搭載しているロケット弾数にもよるが、たったの1両で十数発前後のロケット弾を発射可能だ。

ちなみに、朝鮮人民軍（北朝鮮軍）では多連装ロケット弾発射機を「放射砲」と呼んでいる。なかでも、直径600mmの超大型ロケット弾が発射できる装輪式4連装発射機と、装軌式6連装発射機の2種類を保有していることで知られ、写真の18両（1個中隊=6両×3個で大隊編成）が各1発を斉射しているようだ（**写真3-24**）。

最後に、ロケット弾発射機の弾薬としてクラスター弾が多用されるが、クラスター弾についても少々述べておこう。クラスター弾は広範囲を一気に制圧できる反面、不発率が高いので、決して効率のよい武器ではない。2010年にクラスター爆弾禁止条約（通称、オスロ条約）が発効し、条約締結国の日本は、クラスター弾を全廃した。クラスター弾は不発となる確率が高く、使用により軍民に被害をおよぼすからだ。

このため、のちに代替措置として、多連装ロケットシステムMLRS用に、「M31単弾頭型GPS誘導式ロケット弾」を導入している（**図3-24**）。これに対しロシアもウクライナも、条約は締結していない。ウ

写真3-24　朝鮮人民軍の放射砲斉射シーン。1個大隊18基が各1発の超大型ロケット弾を発射している
（写真：朝鮮中央通信テレビの映像より）

クライナ・ロシア戦争において、ロシア連邦軍が使用した各種のクラスター弾は、約40％が不発といわれている。そこで米国は、不発率を3％以下にしたクラスター弾を新規開発し、ウクライナに供与するという。

だが、クラスター弾の不発を3％に抑制できるとは思えない。その構造機能的に、弾着時の姿勢や地形などで不発率は向上してしまう。軍事的合理性からいえば、100％確実に起爆する単弾頭のロケット弾を斉射したほうが、はるかに効率的といえるだろう。

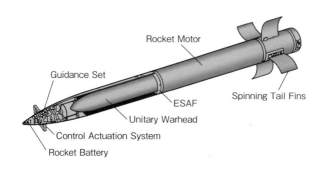

図3-24　MLRSのM31ロケット弾。日本はクラスター弾を廃棄後、これの単弾頭型を調達している（図版：米国防総省・ロッキードマーチン社）

第4章
火砲弾薬の構造およひ機能

本章では、火砲弾薬の構造および機能について、そのメカニズムを細部まで解説する。また、不発弾処理や敵弾薬の鹵獲についても言及していく。

信管を装着した状態の155mm榴弾「M107」。米国が開発し、日本など多くの国々に採用された

4-1 火砲弾薬（榴弾）の各部名称（本体および信管）

　当然だが、火砲の弾薬は用途により形状も異なるものである。しかし、弾薬の基本的な構造や名称はそれほど違わない。本項では、M107榴弾を例として、外観上の各部名称や形状を見てみよう（図4-1）。

　まず榴弾の弾丸だが、信管が取りつけられた状態では、先端が尖っていることが見てとれる。弾丸は19世紀になるまで球形だったからこそ、そう呼ぶのだが、その後は「椎の実」型のずんぐりとした形状を経て、現在のような流線形先尖弾となった。弾丸の先端から後方へ目を転じてみよう。この緩やかにカーブした部分を「蛋形部」という。

　蛋形部の曲率を蛋形半径と呼び、火砲の口径の倍数で表す。榴弾の場合、6～11口径が一般的だが、蛋形半径は空気抵抗に影響するから、弾丸の設計上で重要な部分だ。

　次に「定心部」だが、弾丸の中心線と砲身の軸線を一致させる役目をもつ。また銅などの金属でできた「弾帯」は、発射時にガスが前方へ漏れないようにし、かつ弾丸に回転（旋動という）を与える部分である。ちなみに陸上自衛隊では「だんたい」ではなく「だんおび」

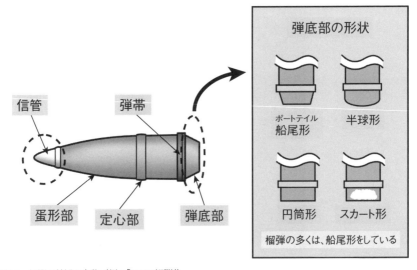

図4-1　榴弾の外観と名称（例：「M107榴弾」）

と読むが、これは一説によると弾薬用語の「弾体」(だんたい＝砲弾の本体を指す)と、戦闘服の腰に装着する弾帯(＝英語でピストルベルト)と同じ発音になるので、紛らわしいからそう呼ぶという。

また「弾底部」の形状だが、榴弾の多くは船尾(ボートテイル)形である。発射後の弾丸は弾底が負圧となり、真空状態になる。このため、**弾底を絞って船尾形とし、空気の流れを導けば真空状態が解消される**。その結果、空気抵抗が減少するのだ。ただし、船尾形や半球形の弾底は、音速以上の高速で飛翔する弾丸向きであり、円筒形やスカート形は低速弾に用いられることが多い。

最後に「信管」であるが、弾薬でもっとも重要な部品の1つだ。なにしろ、**2万Gに達する発射時の重力加速度で破損せず、それでいて100分の1秒という精度で作動**しなくてはならないのだ。

腔発(砲身内での爆発)による死傷事故発生確率に至っては、100万分の1が要求されるほど厳しい。もちろん、弾着すれば弾丸と一緒に爆発する消耗品なので、低コストで製造できなくてはならない。

信管は構造的に「機械式信管」と「電気式・電子式信管」に大別されるが、弾丸を所望のタイミングで起爆させるため、非常に精密な構造となっている。

榴弾が球形だったころの信管は単純なもので、導火線式の時限信管だった。起爆タイミングの調整は、導火線を切断して行う原始的な方法なので、正確な時間に弾丸が破裂しないのだ。これが機械工学の進歩により、時計の製造業者が精密な機械式信管を製造できるようになった。

信管を機能別に分類すると「着発信管」・「時限信管」・「組み合わせ信管」・「特殊信管」の4種となる。図で示した「M557信管」は、機械式の組み合わせ信管だ。「瞬発」と「延期」の切り替えが可能な「二動信管」であり、射撃目標に応じて瞬発か延期かを選択する。

機械式信管の「瞬発」でのメカニズムだが、図のように弾丸が発

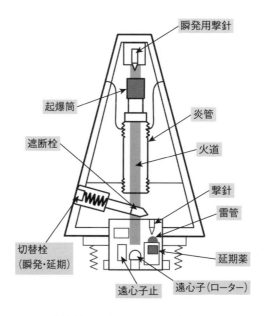

図4-2　機械式信管の構造と名称（例:「M557信管」）

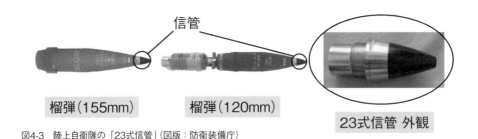

図4-3　陸上自衛隊の「23式信管」（図版：防衛装備庁）

射されると、一定の加速度で「遠心子（ローター）」という部品が解除される。次に、「火道」を遮断している遮断栓も外れる。地面に弾丸が落下すると、その衝撃で「瞬発用撃針」が「起爆筒」を叩いて発火、燃焼が「火道」を経由し炸薬に達してドカン！となるのだ（**図4-2**）。

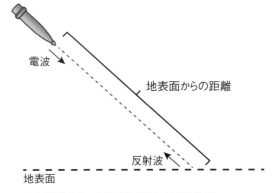

図4-4　電波式近接信管の作動原理（図版：防衛装備庁）

また、近年では「電子式信管」が普及しており、おもにVT信管およびCVT信管など特殊信管に用いられている。VT信管は、第2章の6でも述べたように、電波を利用した近接信管だ。第二次世界大戦時に米国が実用化し、当初は艦艇の高角砲などに用いられたが、のちに野戦砲兵の火砲弾薬としても普及した。

CVT信管は、VT信管を発展させたもので、電波を利用した多機能型の電子式信管だ。陸上自衛隊では、「92式信管」が知られているが、制式化されてすでに30年以上が経過している。このため、後継の「23式信管」が新たに開発され、量産され始めた（**図4-3**）。この信管は、電波式の近接信管でありながら、着発作動および時限作動も可能である。

電波式の近接信管は、電波を発射することにより、その反射波で地面との距離を測る（**図4-4**）。いわゆる「ドップラー効果」の原理を応用しているのだが、従来の92式信管は地表面の状況によって、弾丸が破裂する高度にバラツキが起きていた。

そこで新型の23式信管では、地表面が「土」だろうと「砂」だろうと、あるいは「水面」

火砲弾薬（榴弾）の各部名称（本体および信管）

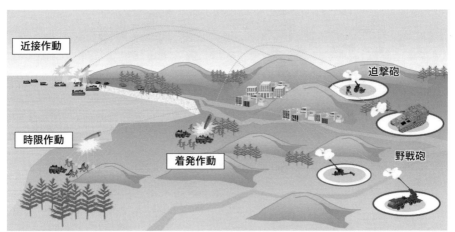

図4-5　23式信管の運用構想図（イメージ）。「着発作動」・「近接作動」・「時限作動」の三方式があり、状況に応じて選択できる（図版：防衛装備庁）

であっても、最適な高度で破裂するように改良したという。これは、電波反射率の測距計算アルゴリズムを見直し、最適化したのであろう（**図4-5**）。

4-2

火砲弾薬の構造および機能

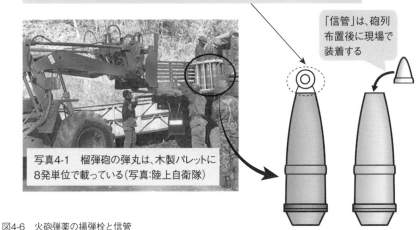

図4-6　火砲弾薬の揚弾栓と信管

　火砲の弾薬は、榴弾砲の場合、「弾丸」と「発射薬（発射装薬、略して装薬という）」に分かれている。これを「分離装填弾」という。まず、弾丸の構造および機能から解説していこう。

　ある砲兵中隊で、弾薬受領をしたとする。このとき、部隊は「弾丸」と「装薬」を別々に受け取る。写真のように、弾丸は8発単位でパレットに載っているが（**写真4-1**）、弾丸の先端に「揚弾栓」という部品が取りつけられている。この部分を利用して、1発ごとにクレーンで吊り上げることもできる。揚弾栓は、弾薬を車両から積み下ろしするための部品なので、現場で信管とつけ替えるのだ（**図4-6**）。

　次に、弾種による構造・機能の違いだが、榴弾はもっとも一般的なタマであり、構造もシンプルである。弾殻の内部には、TNTなどの炸薬が詰められている。これに対しRAP弾は、固体燃料式のロケットモーターとノズルが内蔵されていて、弾丸が発射後に空中でロケットモーターに点火し、**射程を2〜3割ほど延伸**することができる。

　しかし、ロケットモーターに点火した瞬間に、弾丸の空中での姿勢など挙動が変化し

火砲弾薬の構造および機能

てしまう。それゆえに、**命中精度は通常の榴弾よりも劣る**のが難点だ。また、ロケットモーターの分だけ内部容積を取られるので、**炸薬の量も減少する**。

これに対し**ベースブリード弾は、弾底からガスを噴出して弾底の真空状態を防ぐ**。これに船尾形をした弾底部の形状も相まって、**空気抵抗が減少するので射程が伸びる**仕組みだ。RAP弾と同様に**射程が2〜3割ほど延伸**するが、通常の榴弾よりコストは高くなる。このため、目標までの射距離を勘案して、通常弾とRAP弾およびベースブリード弾を使い分けることが重要だ（**図4-7**）。

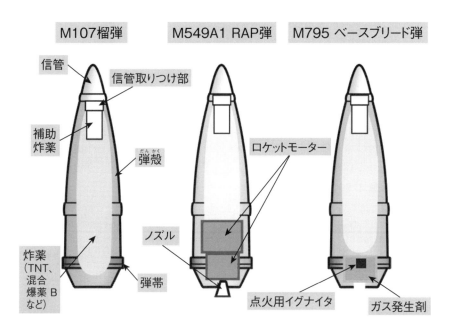

図4-7　榴弾・RAP弾・ベースブリード弾の構造

4-3
火砲の「装薬と炸薬」(作用と組成)

　火砲の弾薬に使用されている火薬は、タマ(弾丸)を発射するための「発射薬」と、弾丸を爆発させるための「炸薬」に大別される。このうち前者は、口径の小さな機関砲弾や戦車砲弾であれば、薬莢の中に発射薬が入っている。

　一方、榴弾砲などの野戦で使う火砲では、薬莢がなく発射薬が布製の袋(薬嚢という)に入っていることが多い(**写真4-2**)。

写真4-2　一般的な155mm榴弾砲の発射装薬の例。袋の色により射程の長短が異なり、目標までの射距離に応じて使い分ける
(写真：米陸軍)

　ちなみに、こうした弾薬の発射薬を「装薬」とも呼ぶが、これは薬莢や薬嚢に詰められた状態での呼び方だ。近年では、**薬嚢の袋ではなく、ニトロセルロースでできた容器に発射薬が入った装薬**もある(**写真4-3**)。当然だが、この容器は発射の際に燃え尽きるが、戦車砲弾のように薬莢を使う「固定弾」というタマも、同様の「焼尽薬莢」になっていることが多い。ただし、底部のみ金属製でガス漏れ防止のため燃えない。

写真4-3　薬嚢ではなく、発射薬がニトロセルロースの容器に入った装薬の例
(写真：ドイツ国防省・ラインメタル社)

　火砲の装薬は、19世紀末(日清戦争のころ)まで黒色火薬が用いられていた。これが、20世紀初頭(日露戦争のころ)あたりから無煙火薬が使用され始め、現代に至っている。**黒色火薬は、硝酸カリウム・硫黄・木炭の混合物**だが、射撃の際は盛大な煙がでるので、1発撃つたびに砲身を清掃しなくてはならなかった。

　これに対し**無煙火薬**は、ニトロセルロースを主成分としたもので、まったくの無煙ではないが、発射時の煙が少ない。このため、砲身内などの汚れも少なくてすむ。

火砲の「装薬と炸薬」（作用と組成）

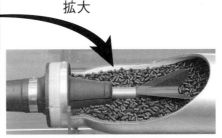

陸上自衛隊広報センターに展示された、装弾筒付翼安定徹甲弾（手前）のカットモデル。黒色で粒状のものが発射薬（写真：陸上自衛隊）

発射薬の粒をさらに拡大すると……
発射薬の形状は、弾薬によりさまざま

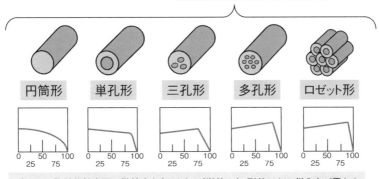

グラフは、発射薬粒表面の燃焼率を表したもの（単位:%）。形状により、燃え方が異なる

図4-8　発射薬の例：戦車砲で撃つ「装弾筒付翼安定徹甲弾」の場合

　ちなみに無煙火薬も外観上は黒色だが、これは黒鉛で表面をコーティングしているからである（**図4-8**）。本来の無煙火薬は黄褐色なのだが、製造工程で機械の配管内部を通りやすくして（流動性の確保）、なおかつ静電気が生じないよう（帯電防止）にするためだ。ほかに、砲口炎を減少させる「硝酸カリウム」や、自然分解を抑制する「ジフェニルアミン」、砲身内に付着した弾帯の銅を除去する「鉛」や「錫」などが添加されている。

　次に後者の炸薬だが、弾丸の内部に充填され、砲弾の起爆で**破片効果と爆風効果をもたらすための火薬**である。火砲の榴弾には、炸薬として長らく黒色火薬が用いられてきた。19世紀末ごろまでは、発射薬にしろ炸薬にしろ、実用的な火薬はそれしかなかったからだ。その後、日露戦争のころには「ピクリン酸」が出現し、**第一次世界大戦時には「TNT（トリニトロトルエン）」が炸薬に使われるようになる**。現代の火砲では、炸薬としてTNTや「コンポジットB」などの混合爆薬が用いられることが多い。

　このように、火砲の発射薬（装薬）と炸薬は、同じ火薬でも成分がまるで異なっている。

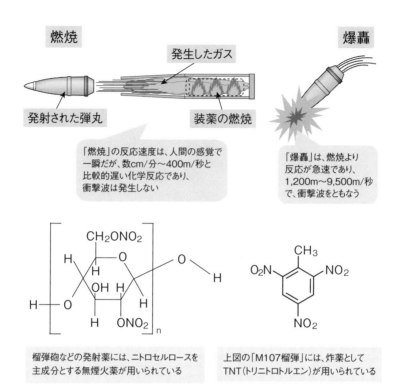

図4-9　発射薬は「燃焼」、炸薬は「爆轟(ばくごう)」という化学反応が起きる

　では、各々にどのような化学反応が生じるのだろうか？　**図4-9**左のように、榴弾砲の弾丸が発射されるとき、装薬には「燃焼」という作用が起きる。燃焼は、人間の感覚では一瞬にすぎないが、**化学反応としては毎分数cm〜毎秒400mと比較的遅い**。このため砲弾の発射や、内燃機関のエンジンにあるピストンを動かすとか、推進力として作用するのだ。

　これに対し、**炸薬は毎秒1,200m〜9,500m**と、音速を超える衝撃波と急速な化学反応が生じる。また同時に、物体を破壊する作用も働く。これを「爆轟」という。**燃焼と爆轟の違いとして、もっとも特徴的なのは「化学反応の速度」と「衝撃波の有無」**だ。燃焼という化学反応は速度が比較的遅く、衝撃波は発生しない。逆に爆轟は燃焼よりも反応が急速で、衝撃波が発生する（**図4-9**右）。

　たとえるならば、燃焼はキャンプで薪に点火したあと、時間をかけて緩やかに燃えるのと同じことである。では爆轟はどうかというと、音速を超えるほどの衝撃波により、**図4-9**下に示した分子構造が瞬時に崩壊すると形容してよいだろう。

4-4 榴弾砲用発射装薬の構造および機能

　前項で述べたように、榴弾砲の発射装薬は薬嚢という袋に入っている。しかし、防水性のある布袋に入っているとはいえ、風雨や湿気から守らなくてはならない。このため、発射装薬はチャージ缶と俗称される金属製のコンテナに収納されている。火砲の射撃直前にコンテナの蓋を開け、中身を取りだして使うのだ。「M3A1装薬」を例にすると、分割式で円筒形の袋がコンテナの中に入っていて、4本の帯で結んである。使用の際は、この帯を解いて射程に応じた号数の薬嚢を使う（図4-10）。

　M3A1装薬の場合、1号装薬〜5号装薬に5分割されており、1号装薬の最大射程は3.9kmだ。同様に、2号装薬が最大射程1.1km、3号装薬が1.5km、4号装薬が1.8km、5号装薬が1.5kmとなっている。1号装薬〜5号装薬のすべてを使うと（全装薬と呼ぶ）、最大射程は9.8kmに達する（図4-11）。

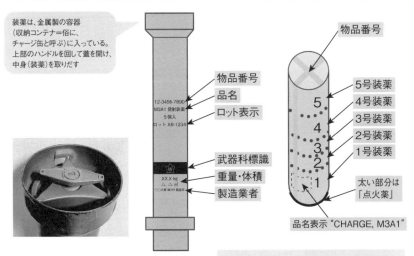

図4-10　榴弾砲用発射装薬の構造および機能（イメージ）

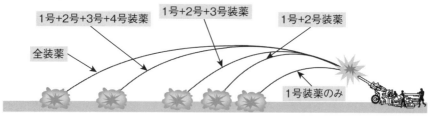

図4-11　装薬の号数と射距離の関係

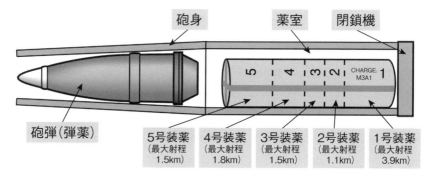

図4-12　榴弾砲の弾薬装填要領

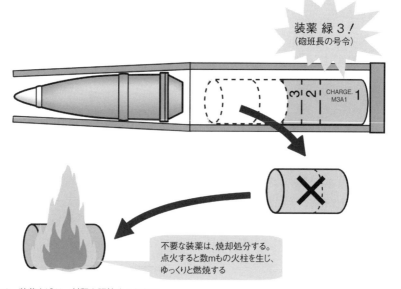

図4-13　装薬を減じ、射程を調節するときは……

榴弾砲用発射装薬の構造および機能

　そして、弾丸を装填後に発射装薬を薬室へ押し込むわけだが、このときに砲班長が「装薬、緑3！」と号令したとする（**図4-12**）。このように、**装薬を減じ射程を調節する際は、不要な装薬は取り除く**。つまり、4号装薬と5号装薬が不要となるのだ。不要となった装薬は、再利用することなく焼却処分する。

　たとえば、6km先の目標を撃つ場合、余った5号装薬を4個使用すれば、射程がちょうど6kmになるからという理由で、余分な装薬を使用することはできない。なぜなら、**一度コンテナを開封して外にだした装薬は、外気温度や湿度の変化による影響を受ける**から、カタログ・スペック上の最大射程が保証できないからだ。このため、もったいないようだが、残装薬は燃やしてしまう（**図4-13**）。

第4章

4-5 その他の弾薬・ロケット弾の構造および機能

　本書では、榴弾砲を中心とした火砲について、写真と図版を用いて解説しているが、ここでその他の弾薬およびロケット弾についても少し言及したい。第1章で述べたように、加農（カノン砲）や山砲、そして臼砲など廃れてしまった火砲もあるが、現代の陸戦では、おもに榴弾砲と迫撃砲、そしてロケット弾発射機が多用されている。これらの弾薬は、外観からすれば異なる火器のタマであることが、なんとなくわかるだろうか？

　たとえば、榴弾の弾丸と装薬は別々だが、迫撃砲弾は弾丸に装薬を装着できるものが多い（**写真4-4**）。また、榴弾の弾丸には安定翼がついていないが、ロケット弾は飛翔中の安定を図る小翼、すなわちフィンをもつ。

　では、内部構造はどうか。榴弾の弾丸も迫撃砲弾も、そしてロケット弾にも信管はあるし、弾殻の中には炸薬が詰まっている。しかし、**ロケット弾は内部容積のうち、推進薬が占める割合が高い**。

写真4-4　迫撃砲弾（左）と榴弾砲の弾丸（右）。外観の違いがよくわかる（写真：陸上自衛隊）

　4-2項で前述したように、榴弾のRAP弾もロケット推進するタマだが、推進力はあくまで装薬によるものだ。RAP弾に内蔵しているロケットモーターは、射程を延伸するための補助的な役割にすぎない。一方、**ロケット弾は飛翔のために必要な推進力は、すべてロケットモーターの燃焼**で得ている。この点が大きく違う。

　たとえば、有名なロケット弾発射機として知られている「M270多連装ロケット弾発射機MLRS」および「HIMARS」だが、これらで使用しているロケット弾は、その**内部容積の5割がロケットモーター**だ。残りの1割が信管などで、4割を炸薬などが占めている（**図4-14**）。

　MLRSおよびHIMARSが使用しているロケット弾は、「M26」「M26A1」「M28A1」など何種類にもおよぶ。しかし、ロケット弾の基本的構造はおおむね同じであり、**いずれも推進薬のロケットモーターが大きな容積を占めている**。そして、MLRSおよびHIMARSの

その他の弾薬・ロケット弾の構造および機能

ロケット弾には、GPS誘導するものまであり、ロケット弾の先端には誘導制御部までつく。だから、これらの弾薬類は、形状などの外観はもとより、内部構造も異なっているのだ。

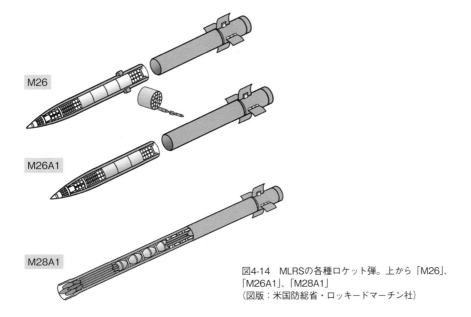

図4-14　MLRSの各種ロケット弾。上から「M26」、「M26A1」、「M28A1」
(図版：米国防総省・ロッキードマーチン社)

4-6

不発弾の捜索および処理、敵弾薬の鹵獲と利用

　火砲の弾薬は厳格な品質管理下において、精密に製造されている。だが、それでもときどき、不発が生じることがある。このため、戦場においては、しばしば不発弾が発見されるものだ。そこで、友軍部隊の行動を阻害しないように、敵味方両軍の不発弾を処理しなくてはならない（**写真4-5**）。

　不発弾の捜索は、戦況を勘案しつつ、人員や資機材など隊力に余裕があるときに行う。この際、発見した不発弾には触れることなく、確実に位置を記録しておく。

　不発弾処理は、武器科などの専門部隊のほか、**不発弾処理の技能・資格をもつもの以外、処理をしてはならない**。末端の砲兵部隊にも、たいていは1～2名の不発弾処理技能者がいるものだ。もし、そうした兵士がいない場合は、上級部隊に不発弾処理を依頼する。

　不発弾処理の方法は、発見した不発弾の種類により異なるが、基本的にはTNTなどの爆破薬を使用して行う（**写真4-6**）。爆破資材が手元にない場合、不発弾を射撃して爆破することもあるが、銃砲弾を命中させても破壊できるとはかぎらない。弾薬とは、信管が作動しないと起爆しない

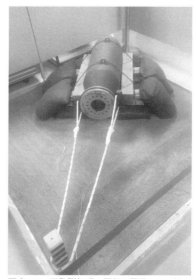

写真4-5　不発弾処理の要領を展示した、陸上自衛隊武器学校の教材。第二次大戦で投下された古い航空爆弾は信管をレンチで回し安全化するが、不発弾の多くは爆破処分する（写真：陸上自衛隊）

写真4-6　左から「導火線」・「導爆線」・「点火母線および電気雷管」・「発火器」の各種爆破機材。これらは防衛省規格品ではなく、市販品を用いているが他国軍もほぼ同じだ（写真：陸上自衛隊）

し、複数の不発弾が容易に誘爆することも少ないので、「導火線」・「導爆線」・「点火母線および電気雷管」・「発火器」などの爆破機材を使い、土嚢で周囲を覆って処分するのが確実だ(**写真4-6**)。

爆破に際しての方法を大別すると、「導火線による非電気の爆破」と「電気点火による爆破」がある。前者は、導火線・導爆線・爆破薬などを準備したあと、事前に短い導火線を使い燃焼試験を行う。

爆破にあたっては、点火手と爆薬手がペアとなり作業を行うが、彼らの退避秒時を決定するために、何秒で導火線が何メートル燃焼するから、退避に必要な時間は何秒だ、という計算が必要になる。

写真4-7 爆破回路を構成中の陸上自衛官
(写真:陸上自衛隊 第13旅団)

写真4-8 電気点火による爆破回路を構成するときは、作業間に何度も手の甲を地面に接触させ、アースをとるようにする。手前の長方形の物体が「C4爆破薬」(写真:陸上自衛隊 第7普通科連隊)

これを決定するため、燃焼試験を行うのだ。

これを怠ると、点火手などの不発弾処理を行う者が爆発に巻き込まれかねない。よく映画やマンガなどで燃焼中の導火線を水で消すシーンがあるが、導火線とは水中でも使用できるものだ。だから、水をかけても消火できない。この導火線を、TNTや混合爆薬C4などの爆破薬に接続して爆破回路を構成し、不発弾処理を行う。

一方で電気点火による爆破は、電気雷管・導爆線・爆破薬などを準備したあと、爆破回路を構成する(**写真4-7**)。この際に**静電気が発生しないよう、作業間に何度もアースをとるように心がける**(**写真4-8**)。

筆者も「第302弾薬中隊」の即応予備自衛官だったとき、爆破訓練で常に「アースよし！」と発昌したものだ。爆破回路を構成後、導通点検を行うが、この際に微量とはいえ電流が発生する。

このため、**兵科によっては危険だとして、導通点検を実施しないことも多い**。そもそも武器科と工兵科で導通点検に対する考え方が違うし、国や時代によっても導通点検の有無が異なるのだ。

こうして爆破回路を構成後、関係者全員が退避したならば、不発弾処理の爆破指揮官

が「点火！」と命じる。点火手が発火器のキーをひねるかボタンを押すと、「ドカン！」となるのだ（**写真4-9**）。

次は、敵弾薬の鹵獲について記す。敵が敗走し戦場から離脱する際、武器・兵器などを遺棄していくことがある。その中に未使用の弾薬類があれば、回収をしておく。この際、**敵の不発弾があれば信**

写真4-9　不発弾処理における、爆破の瞬間
（写真：陸上自衛隊 第7普通科連隊）

管の安全化を図るか、爆破または焼却処分する。ロシア連邦軍とウクライナ軍のように、両軍が使用する弾薬に互換性があればよいが、敵が使う弾薬と我の弾薬は規格が同じとはかぎらない。むしろ、規格が異なることが多いだろう。

したがって、鹵獲品を利用したくても、火砲と弾薬をセットで鹵獲しないと使えないのだ。このため、敵の武器と使用弾薬の規格が我と異なる場合は、鹵獲しても無意味だと思う人もいるだろう。しかし、**鹵獲弾薬を調べれば、敵の武器・兵器技術を分析できる**。また、弾薬が入っていた箱やタマ自体にも、製造年月やロット番号などが記されているので、弾薬の補給や生産状況を推測できるのだ。だから、規格の違う敵弾薬を鹵獲することにも意義があり、情報収集に役立つ。

第5章
砲兵部隊の編成および開戦後の行動

本章では、砲兵部隊の編成について述べるほか、開戦後の行動、すなわち戦時における行軍開始から戦闘準備までの一連のプロセスを、時系列を追って解説する。

「155mm榴弾砲FH-70」の砲班は、砲班長以下9名が定数だが、最低で5名いれば砲は撃てる(写真:あかぎ ひろゆき)

5-1

砲兵部隊の編制

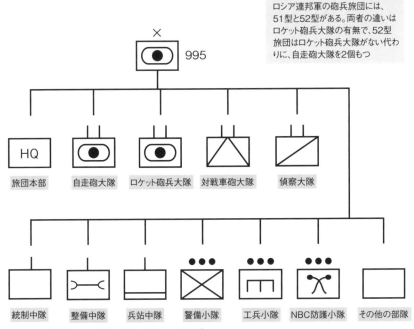

図5-1 ロシア連邦軍砲兵部隊の編成（例：51型旅団）

　現代における各国軍は、歩兵部隊を中心とした「諸兵科連合部隊」として編制されている。砲兵部隊は、その諸兵科の1つにすぎないが、旅団規模の独立部隊をもつ国も多い。では、各国の砲兵部隊は、どのような編成になっているのだろうか。

　欧米などの現代外国軍では、1個射撃小隊（火砲3～4門を装備、30人前後）が2～3個で「**砲兵中隊**（野球の投手と捕手の関係を英語でバッテリーと呼ぶが、砲兵中隊もそうである）」を編成することが多い。砲兵中隊の人員数は、国により時代により異なるが、100人前後である。この砲兵中隊が2～4個で1個大隊だ。**大隊の人員数は、300人前後**と思えばよい。ロシア連邦軍やウクライナ軍は砲兵1個大隊が18門の火砲をもつ。

　これに対し、**陸上自衛隊の野戦特科部隊では、最小戦術単位が中隊**（火砲5門を装備）となっている。中隊の結節に小隊はなく、砲班×5個（各砲班は砲1門を装備）と弾薬班

で「戦砲隊」が編成されている（戦砲隊長は、2尉または3尉）。**陸上自衛隊の場合、野戦特科中隊が2個で1個大隊を構成するから、装備火砲は10門でしかない。**したがって、外国軍の砲兵大隊にしろ砲兵連隊にしろ、火砲の装備数は日本よりはるかに多い。

そして砲兵連隊は、砲兵大隊2～4個からなるが、600～1,000人前後の部隊だ。この砲兵連隊よりも規模が大きいのが、砲兵旅団である。**ロシア連邦軍の砲兵旅団は定員が約1,000人**で、人員数からすれば他国の連隊程度しかいない（**図5-1**）。一方で、**ウクライナ軍の砲兵旅団は約2,000人**と、国により人員数はかなり異なる（**図5-2**）。

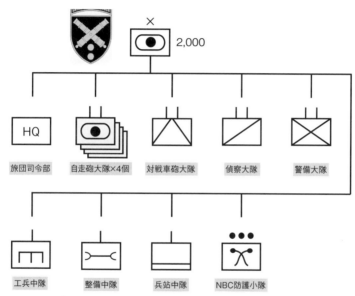

図5-2　ウクライナ軍砲兵部隊の編成（例：第44独立砲兵旅団）

ちなみに、砲兵旅団に相当する陸上自衛隊の「**第1特科団**」は、冷戦時代最盛期には3千数百人だった。米軍の砲兵旅団は別格で、6,000～7,000人と他国軍の倍以上である。ところで、陸上自衛隊の各級部隊は、師団にしても旅団にしても外国軍より規模が小さく、「ミニ師団・ミニ旅団」だという人がいる。

だが、実際には冷戦時代の米陸軍機械化師団（1万8千人）や西ドイツ陸軍機甲師団（2万1千人、米軍より多い！）が別格だったのであり、自衛隊が特に少ない、というわけではない。実のところ、一般的な師団は1万人前後、旅団は4～5千人程度の人数が世界標準なのだ。

現代では自衛隊だけでなく、各国軍も軍縮により、冷戦時代と比較して砲兵部隊の規模はかなり縮小した。特に日本の自衛隊は、激減と表現できるほどの縮小ぶりだ。野戦特

科部隊の火砲は、防衛計画の大綱で装備定数が示される。**冷戦時代に約1,200門の定数だったのが、現代では300門に激減してしまった。**この300門は榴弾砲の数量であり、普通科部隊などが装備している迫撃砲は含まれていない。とはいえ、この数は少なすぎるだろう。

このように、時代により国により、砲兵部隊の規模や人員数は一様ではない。砲兵部隊の最小単位である「砲班」は、榴弾砲などの火砲を1門装備し、数名の人員からなる。陸上自衛隊における、FH70砲班の編成例を以下に示す。

砲班は砲班長、照準手、装填手、弾薬手など5〜9名からなる。正規の編成では砲班長以下9名だが、それは完全充足の特科連隊の話だ。充足率が低い特科部隊や、特科連隊よりも規模が小さな特科隊であれば、砲班は5名しかいない。だが最低でも5名いれば、複数の役割を兼務してFH70は撃てる。いかにも人手不足の自衛隊らしいが、ロシアやドイツなどの外国軍も同様だという。

さて、射撃時における各人の任務だが、以下のとおりとなっている。各人の任務と操砲の一例を簡単に示す（**図5-3**）。「砲班長」は砲班を指揮し、戦砲隊長に示された位置に

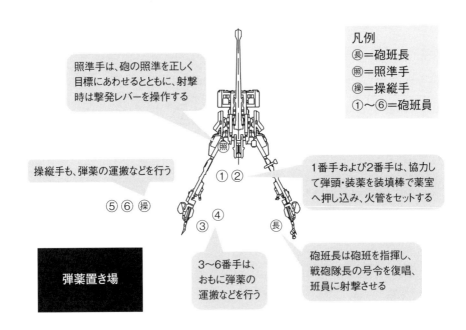

図5-3　陸上自衛隊の155mm榴弾砲FH70における、砲班の編成と任務

102

砲を布置する。射撃にあたっては、射撃指揮班（FDC）経由で**戦砲隊長の号令に従い、班員に射撃させる**。階級は陸自だと2曹か1曹で、外国軍だと2等軍曹または1等軍曹、あるいは上級軍曹だ。

「照準手」は砲を布置後、砲の方向ハンドルおよび高低ハンドルと照準装置（パノラマ眼鏡）を操作し、**射撃時の方位角および射角を正しく目標へ指向する**。射撃の際は、撃発レバーを操作して砲の射撃を行う。

「装填手」は、1番手および2番手の2名からなるが、榴弾砲の弾頭は約40kgと重い。このため、2名がよく連携をして、弾薬の装填を行う。

「弾薬手」は、3〜6番手が弾薬の運搬を担当するとともに、弾薬置き場の整理や、火砲の付属品の管理、そのほか命ぜられた事項を行う。

「操縦手」は、**中砲けん引車（トラック）を操縦**するとともに、陣地変換などFH70をAPU（補助動力装置）で自走させる必要があるときは、砲を操縦し小移動を行う。射撃時は、3〜6番手を支援し、弾薬の運搬などを行う。

砲班員が行う一連の動作をまとめると、次のとおりとなる。当初、1番手と2番手が協力して弾頭をラマー（装填棒）で薬室へ押し込み、1番手が火管（小火器弾薬の雷管に相当）をセットする。次に、2番手は装薬を押し込んで、閉鎖機を閉じる（**写真5-1**）。砲班長は、FDCを経由した戦砲隊長の号令を復唱し「射撃用意、撃て！」と発唱、照準手が撃発レバーを操作して撃つ。このように、砲班の各人が確実に役割を果たし、**チームワークを発揮することにより**、初めて火砲を射撃できるのだ。

写真5-1　FH70の装薬を手に持ち、装填準備中の砲班員。装弾トレイ上に弾丸が載っているのが見える（写真：陸上自衛隊 東北方面隊）

5-2 砲兵部隊の行軍と機動展開

　野戦砲兵の駐屯地出発から射撃開始まで、どのようなプロセスで行われるのだろうか。
　ひと口に砲兵部隊の機動展開といっても、輸送艦艇などで海上機動することもある。また、国によっては火砲を丸ごと搭載できる大型輸送機で、長距離を運ばれることもある。
　ここでは、末端の砲兵中隊が車両部隊により地上を機動して行軍（自衛隊では、行進と呼ぶ）を行う場合を例として、以下に示す。
　さて、まずは当然ながら駐屯地の事務室で作戦計画の起案をしなくてはならない（写真5-2）。具体的には行軍計画や射撃計画などについて、作戦係将校（中尉、自衛隊なら2尉クラス）か運用訓練将校（大尉または1尉）が起案する。
　世界各国の軍隊は、その大多数が隣国などに侵攻する意図はなく、防御戦闘を主軸に作戦を考える。

写真5-2　まずは、行軍計画を駐屯地の事務室で起案する。画像はイメージ（写真：陸上自衛隊）

だから、自衛隊であれば年度防衛計画により、あらかじめ部隊が展開する場所が定められている。しかし、世界の警察官として地球上のあらゆる地域に戦力投射を要求される米軍や、外征軍としてウクライナに侵攻したロシア軍などは、入念な情報収集の上で調査し、部隊の展開先を決定しなくてはならない。また、防御戦闘が主軸といっても、敵部隊を攻撃しないことには、侵攻軍を撃破できない。
　そこで、砲兵展開地の適切な場所を選定することになるのだが、だいたいの展開エリアは上級部隊から示される。末端の砲兵中隊が決定する展開地とは、そのエリアの細部に位置する場所だ。まずは地図上および衛星画像、航空写真などにより、机上で検討を行う。検討後、展開予定地が決定次第、「行軍実施に関する砲兵中隊一般命令」を作戦担当将校が起案し、中隊長の決裁を受ける。中隊長から「これで良し」と決済が下りたならば、次は命令下達だ。

砲兵部隊の行軍と機動展開

中隊長は行軍計画にもとづき、先発隊および主力部隊の命令下達を行う。具体的には、①敵状、②行軍目標、③行軍経路、④行軍順序、⑤行軍加入点の位置および通過時刻、⑥行軍分進点の位置および通過時刻、⑦行軍間の警戒、⑧行軍間の通信統制、⑨弾薬や糧食など兵站に関する事項、⑩その他、不測事態発生時の対応などだ。

写真5-3　メディバック機のUH-60ヘリコプターでホイストを使用し、傷病兵をスリング回収する様子（写真：米陸軍）

特に⑩のうち、傷病者および職務離脱した将兵の取り扱い、戦死者および捕虜の処置は重要である。傷病者のうち、生命の危機に瀕している将兵は、ただちに航空機で後送しなくてはならない。

しかし、軍隊にドクターヘリは存在しないし、傷病者後送専用ヘリコプター（Medevac = Medical Evacuationの略で、もともとは「緊急医療後送」の意味）を必要な機数大量に確保できるのは、おそらく米軍だけだろう（**写真5-3**）。多くの国では、陸軍などが保有するヘリコプターを必要に応じて急患後送に転用しているのが現状だ。そのメディバック機は、野戦病院到着前に、しばしば撃墜されることがあるという。

ウクライナ・ロシア戦争では、両軍とも航空優勢の獲得に至らず、戦闘機以外の軍用機も活動は低調である。高高度から低空域までカバーする各種対空ミサイルと対空機関砲により、両軍ともやっかいな多層型防空網が形成されているからだ。なにしろ、急患後送のヘリコプターすら、赤十字標識の有無に関係なく敵に撃墜されたり、友軍による誤射で墜落する有様なのだ。

また、戦死者および捕虜の取り扱いに関しては、ジュネーブ条約にもとづいて人道的な処置を行う必要がある。このため、衛生科や憲兵科などとよく連携し、砲兵部隊の本来任務に影響をおよぼさないようにしなくてはならない。

さて、命令下達後、車両に必要

写真5-4　車両へ資機材を積載中の陸自特科隊員。どこの国の砲兵も、駐屯地出発前は準備に追われ、慌ただしいものだ（写真：防衛省）

な物品を積載し、駐屯地の留守担当部隊に残置物品を申し送って出発である(**写真5-4**)。行軍は、駐屯地や集結地などを出発した直後、行軍計画に定められた「行軍加入点」を通過したときがスタートだ(**写真5-5**)。

ただし、通常は主力本隊よりも前に、先発隊を出発させる。展開予定地とその周辺に敵が存在しないか、あらかじめ各種手段で確認

写真5-5 駐屯地を出発する陸上自衛隊の車両部隊。定められた「行軍加入点」を通過したときから、行軍がスタートする
(写真:あかぎ ひろゆき)

しているものの、万一の際に備えて先発隊に偵察させるのだ。

このようにして行軍が開始されるが、砲兵連隊の行軍を例にすれば、**縦隊で多数の小集団を形成して行進を行う**。この小集団を「梯隊」と称し、通常は各中隊隷下の小隊(自衛隊では、戦砲隊単位)ごとに梯隊を組む(**図5-4**)。

このように行進時の最小単位はたいていの国では小隊なのだが、数個の梯隊からなる1個中隊が、まとまって道路を走行する。一般的に**行進時の縦隊は、「行進長径(先頭から最後尾までの長さ)」が大きくなりがちで、かつアコーディオン状になりやすい**。ある梯隊が遅れると後続が渋滞するし、速すぎても車間が開きすぎてしまう。

そこで通常は、事前に行進計画で示された「速度計乗数(SMと呼ぶ)」に従い、速度に

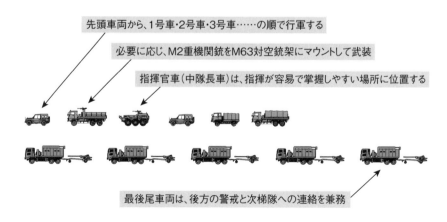

図5-4 砲兵中隊における車両梯隊の例(イメージ)

砲兵部隊の行軍と機動展開

応じて車間距離を増減することで、適切な行進縦隊が形成できるようにしなくてはならない。

今どきは、どこの国の軍隊でも無線を装備しているし、ネットワーク通信も可能な上、GPSで僚車の位置もわかる。陸上自衛隊では「広帯域多目的無線機（略して広多無、コータムという）」の車載型や人が背負うマンパック型、ハンディ式の携帯型などを装備している（**写真5-6**）。

写真5-6　陸上自衛隊の広帯域多目的無線機、通称コータム
（写真：防衛省）

だからといって、「03（3号車の意）、速度増せ！」などと無線通信を行ってはならない。平時はともかく、**戦時には行動秘匿のため無線封止を行う**など、電波の発射が厳しく制限されているからだ。このため、敵発見の報告など緊急時を除き、行進間の通信は部隊の統制に従う。

砲兵連隊が行進するとき、数個の中隊から構成されることになるが、**たいていの国では建制順に先頭から並ぶ**。建制とは部隊の序列のことで、たとえば本部管理中隊が先頭で、その次が第1中隊、以下第2中隊、第3中隊の順といったぐあいだ（**図5-5**）。

ただし、先頭の中隊は「前衛中隊」として、**行軍間の対地・対空警戒を行うとともに、敵と接触したならば露払いをする必要がある**。なにしろ行軍中は、敵に伏撃されないか、

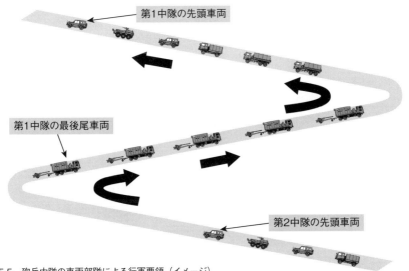

図5-5　砲兵中隊の車両部隊による行軍要領（イメージ）

路肩にIED（即席爆発物）が仕掛けられていないか、はたまた市販ドローン改造攻撃機などの空襲を受けないかなど、常に神経を使う。このため行軍間においては、前衛に任ずる中隊を適宜入れ替えて、その負担を軽減しなくてはならない。

こうして、砲兵中隊の車両部隊本隊が行軍するわけだが、この時点で先発隊は展開予定地に到着し、本隊の受け入れ準備を整えておく。**先発隊は、展開予定地に到着次第、事前偵察を行う。**

事前に得た情報で99％敵が存在しないとしても、万が一に備えて偵察するのだ。この際、敵に協力する住民など敵性分子が存在したら、拘束して尋問する必要がある。

偵察の結果、もし敵存在の兆候があれば索敵し、武装工作員などのゲリラは掃討して安全化しなくてはならない。また、偵察の対象は敵の有無だけでなく、後で砲兵陣地を測量するときに備え、地形偵察も行う。**偵察後、異常がなければ展開予定地の占領が完了するわけだが、ここからが本番だ。**

先発隊は資機材を車両から卸下し、展開地内の各施設について、どの場所・どの位置に指揮所を設けるか、射撃陣地はどこにするか、FDC（射撃指揮所）の位置はどの辺か、など細部位置を決定する。特に**指揮所は最優先**で天幕だけでも立てておき、本隊到着後、ただちに指揮・幕僚活動を行えるように準備する。この間、**歩哨に警戒させつつ、主力本隊の受け入れ準備**を行う（**写真5-7**）。

主力本隊の到着が夜間になるときは、暗闇の中で各車両を誘導し、それぞれの分散位置へ駐車させる必要がある。このため、日中のうちに誰がどの車両を誘導するか決めておき、誘導経路を実際に歩かせて予行を

写真5-7　警戒用の掩体が構築完了するまでの間、歩哨が樹木で隠蔽しつつ、警戒を行う
（写真：あかぎ ひろゆき）

写真5-8　主力本隊の受け入れ時における、車両の誘導を行う陸上自衛官（写真：防衛省）

行う（**写真5-8**）。戦場で夜間に誘導棒を煌々と点灯できないし、暗視装置も全員分はない。したがって、現地・現物を使ったリハーサルが重要なのだ。

5-3 砲兵部隊の展開地開設と内部配置の準備

展開予定地に主力部隊が到着し、ただちに戦闘準備が開始されるわけではない。まずは、主力部隊が先発隊の誘導に従い、それぞれ定められた位置へ分散・移動する。

次に、各種の資機材を車卸(車両から荷を降ろすこと)し、仮の場所に天幕を立てる。この際、資機材を降ろした車両は、忘れずに偽装しておく。

さて、展開地の開設にあたっては、陣地構築などの土木作業が必須だ。どこの国でも、末端の砲兵部隊まで油圧ショベル(ショベルカー)が装備されているとはかぎらない。ミニサイズのショベルカー1両でも保有していればマシだが、たいていの場合は工兵部隊に頼るしかない(写真5-9)。工兵が到着すれば、ショベルカーなどの土木

写真5-9 工兵のショベルカーに支援され、指揮所予定地の地下化を行う。掩蓋材は丸太などの木材を屋根にし、土をかぶせていく (写真:防衛省)

写真5-10 「指揮所掩体」の掩蓋材として、木材を何層にも重ねて土をかぶせる (写真:防衛省)

機械力で掩体構築できるが、それまでは荷解きしつつ人力で塹壕の穴を掘らなくてはならない。

砲兵の展開地には射撃陣地のほか、砲兵連隊本部など**砲兵部隊全体の指揮所が必要**となる。ここがCommand Post、略してCPと呼ぶ。

この指揮所も掩体構築するが、特に防御戦闘の際は生存性を高めるために、地下化しなくてはならない(写真5-10)。また、各施設を結ぶ交通壕も掘る必要があるだろう。

しかし、逆に友軍歩兵部隊の攻撃前進を火力支援する場合は、各陣地を簡素化する。後述するが、歩兵部隊の攻撃前進にともない、砲兵部隊も歩兵部隊に後方から追従していく必要があるからだ。これを「展開地変換」という。

さらにFDC（射撃指揮所）、観測所、弾薬集積所および交付所、対空監視哨および携帯SAM・対空機関銃の陣地、歩哨用掩体、炊事所、

写真5-11　野外における炊事所の一例。必要に応じて掩体構築を行う（写真：かのよしのり）

仮眠所、待機所、傷病兵の救護所なども開設しなくてはならない（**写真5-11**）。

これらの場所に天幕を立て、掩体構築の進捗にあわせて地下化していき、頭上に掩蓋材をかぶせて土を盛る。

この際、**各施設は敵の脅威度や彼我の作戦状況により、掩体構築作業を強化あるいは簡素化**する。そして、防御戦闘においては一定期間、持久戦闘が予想されることもある。

そのような場合は、掩蓋材も丸太のほかコルゲートメタルや、ライナープレートを使い分け、防護力を強化するとよいだろう。その反面、運搬から組み立てに時間を要するから、状況に応じて作業を行う（**写真5-12**）。

こうして工事の進捗を勘案しつつ、開設した施設内の天幕へ必要な資機材を運ぶ。21世紀の現代では、野外の天幕内でもノートパソコンを使い、戦術ネットワーク環境下で事務を行う。だから、蛍光灯などの照明器具も必要だし、エアコンは無理でも扇風機くら

写真5-12　左写真は「指揮所掩体」を地下化し、ライナープレートの掩蓋材を組み立て中の陸自隊員たち。一方、写真右のように、ライナープレートの掩蓋材を使用すれば、車両を隠掩蔽可能なほど大きい交通壕も作れる（写真左：陸上自衛隊 幌別駐屯地、写真右：陸上自衛隊 第1旅団）

いは必要だ。そこで、発電機を設置するほか、野外机や折り畳み椅子も運び込む。

そして、**築城工事が概成に近づいたら、同時並行的に陣地の偽装も行う**。偽装については後述するが、攻撃前進時は簡素に、防御戦闘では入念に行うのが基本だ。

偽装後は、友軍のヘリコプターや市販ドローンなどの無人機で、**上空から偽装点検を行う**。偽装が

写真5-13 掩体構築が完了した「指揮所用掩体」。掩蓋材の上に土をかぶせ、さらに偽装網で覆い、必要に応じ草木を加える
(写真:防衛省)

イマイチなら補備修正し、よければ作業完了となり、以後は戦闘準備へ移行する(**写真5-13**)。このように、現代では城こそ建設しないが、野戦築城とは、かくも大変なのだ。

5-4 射撃陣地の構築と砲列布置

　前項でも述べたように、射撃陣地などの構築および開設は、大変な労力と時間をともなう（**写真5-14**）。したがって、掩蓋構築や予備陣地の構築を含め、工兵の支援が欠かせない。

　射撃陣地も指揮所などほかの施設と同様に、地下化して丸太などの掩蓋材をかぶせ、**敵の砲爆弾が直撃しても、容易に破壊されないようにする。**

写真5-14　榴弾砲1門がスッポリと収まるほどの「火砲掩体」を構築中の様子。（写真：防衛省）

　写真の構築作業例では、上空からは土の茶色が目立つので、偽装網をかぶせた下で作業を行っているそうだが、露出した土のすべてを偽装網で隠せてはいない。着眼はよいのだが、偽装網の面積を考慮しないと意味がないし、どのみち作業中で偽装が不完全な状態

写真5-15　構築中の「火砲掩体」。だいぶ形になってきたが、莫大な作業工数を必要とする（写真：防衛省）

だ。もし、無人偵察機や市販ドローンが航空偵察中で、作業中の上空を通過したらバレバレである。

　こうして射撃陣地構築の進捗にともない、同時並行して偽装の準備を行う（**写真5-15**）。射撃陣地完成後、火砲を布置して偽装網で覆う。

　攻撃と防御では偽装の程度が異なるが、必要に応じ自然の草木を使い、偽装を強化する。

　さて次は砲列布置だが、これは2門以上の火砲を並べて置くことだ。火砲が1門だけでは「砲列」とは呼ばない。**図5-6**は榴弾砲が1門だけの、1個砲班による火砲の布置を示

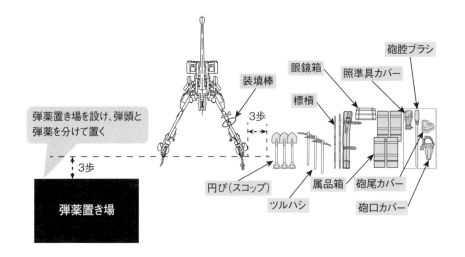

図5-6 火砲1門の布置

した上面図で、資材などの置き場所や並べ方も細かく定められている。これは、資材などの置き場所を明確にするためだ。夜間や悪天候時でも、どこになんの資材などがあるかわかっていれば、戦況が不利になっても混乱やミスを起こすことは少ないだろう。

　砲列布置は、射撃小隊(陸自の野戦特科では、小隊がないので「戦砲隊」だが)または射撃中隊を単位として行う。この際、火砲を並べるといっても、まずは基準となる火砲の位置決めをしなくてはならない。**この基準となる火砲を「中隊基準砲」という。**

　中隊基準砲は、砲列布置を行う際に基準となる位置を示すとともに、1門を指定して試射させるための火砲でもある。この火砲を基準として修正射を行い、残りの火砲に射撃結果を反映させ、照準を連動させるのだ。だから、最初から中隊の全装備火砲を用い、効力射として一斉射撃することは少ない。

　たとえば、ある部隊の火砲が5門の火砲をもつ砲兵中隊であれば、中央に布置した3番目の火砲を指定すれば、その火砲が中隊基準砲となる。

　また、国によっては火砲を布置するときに建制順(左あるいは右から砲を整列させ、1番砲・2番砲・3番砲……と番号を付与した順番をいう)から最左翼(または最右翼)に位置する火砲を基準とする方法もある。

　さらに、過去の射撃記録をもとに、中隊装備火砲でもっとも精度が高いものを基準砲に指定する方法もある。つまり、なにをもって中隊基準砲とするかは、国により時代により異なるのだ。

　なお、時間と資材に余裕があれば、偽陣地や偽火砲などのダミーおよびデコイを準備

しておく。偽火砲は、第一次世界大戦当時にも存在したが、現地調達した木材などありあわせの材料で作ることが多かった。

現代では、空気でふくらませるビニールやゴム製のものがほとんどで、赤外線探知されやすいように、熱源発生装置も装備している（**写真5-16**）。

国力相応とはいえないほど防衛予算が少ない**自衛隊**では、こうしたダミーおよびデコイは末端の部隊が創意工夫して作成するしかない。駐屯地創立記念行事で見かけるような、戦闘車両のエアー遊具ならある（**写真5-17**）。だが、既製品のダミーおよびデコイは、参考品として外国製のものをごく少数調達した程度だろう。おそらく、ロシア連邦軍やウクライナ軍のように、何十セットもの量は保有していないと思われる。

写真5-16　バルーン式囮武器の一例。戦車以外に火砲や地対空ミサイルなどのデコイもあるが、たいていはゴム製やビニール製の空気でふくらませる方式だ（出典：Wikipedia）

写真5-17　陸上自衛隊の96式装輪装甲車を模した、ビニール製のエアー遊具。駐屯地創立記念行事などのイベントでは、子供たちに大人気だ（写真：あかぎ ひろゆき）

5-5
砲兵部隊の戦闘準備

　部隊の展開が完了したら、次は戦闘準備を行う。しばしば戦争映画などエンターテイメントの世界では、戦闘シーンばかりが延々と描写される。しかし、実際の戦争においては、大ざっぱにいえば戦闘が1割、訓練や予行を含む戦闘準備が5割、残りを移動と作戦上の時間調整など待機が占めるのだ。

写真5-18　大型トラックの荷台上にマウントした「12.7mm重機関銃M2」を敵の予想接近経路へ向け、警戒を行う陸上自衛官
（写真：防衛省）

　2022年から続くウクライナ・ロシア戦争では、ロシア連邦軍は突然ウクライナに侵攻したわけではない。クリミア侵攻以前から、ウクライナ南部に部隊を派遣し、散発的な戦闘を継続してきた。
　ウクライナ・ロシア戦争当初も、「特別軍事作戦」と称して大規模演習を名目として、ウクライナ国境付近で部隊展開させた上で、全面侵攻に踏み切っている。
ここで戦闘準備を入念に行わないと、ウクライナに侵攻したロシア連邦軍のようになってしまう。ロシアとしては、電撃戦を行い短期間でケリがつくだろう、と楽観視して作戦計画を起案したが、これでは失敗するのは必然的だ。
　軍事の世界では、「うまくいく筈だ」などと願望を前提に作戦計画を起案してはならない。常に最悪事態を考慮して作戦行動を行わないと、かならず失敗するのだ。
　さて戦闘準備といっても、砲兵としての本来任務以外にも、**展開地における警戒自衛戦闘の準備や、対空戦闘の準備**もある。前者は敵地上部隊から展開地を防護することで（**写真5-18**）、後者は敵の空襲から展開地を守ることを指す。
　警戒自衛戦闘に際しては、あらかじめ歩哨を配置し、各種センサーなどにより、早期に敵の接近を探知する（**写真5-19**）。
　そして、敵が隠密潜入しようとしたならば、機先を制して捕獲または刺殺・射殺する。この際、敵情を入手するため、努めて捕虜にするのが望ましい。刺殺・射殺は最後の手

段だが、夜間・昼間を問わず、余計な銃声を発しないためにも銃剣などを使う。

このため近年では、特殊部隊以外の一般歩兵部隊でも、小銃に消音機（サウンド・サプレッサー）を装着する傾向にある。ウクライナ・ロシア戦争でも、狙撃手でない一般の小銃手が消音機をつける事例が増えているのだ。

歩哨による警戒監視は、おもに双眼鏡および暗視装置など光学機器による目視だが、暗視機能つきビデオカメラによる無人警戒システムの利用も進んでいる。

また、赤外線センサーおよび鉄条網と罠線式センサーの活用、小型無人偵察ロボットによる地上の巡察、小型市販ドローンによる空地の監視などにより、**早期に敵を探知するのだ**（**写真5-20**）。

写真5-19　歩哨壕で警戒中の陸上自衛官（写真：防衛省）

写真5-20　警戒自衛戦闘にあたっては、市販ドローンを活用して警戒を行い、敵接近を早期に探知することが重要だ（写真：防衛省）

そして対空戦闘の準備だが、携帯式地対空ミサイルや対空機関銃を配置、対空監視員を配置して対空警戒を行う。**上級部隊などからの対空情報をリアルタイムで入手する**ことで、早期に敵機を探知する。

細部は次章で述べるが、有人の戦闘機や攻撃ヘリコプター以外の脅威として、近年では、市販ドローン改造攻撃機や無人攻撃機も大きな脅威となっている。機体が小さいのでレーダーで探知しづらいうえに、飛行音が小さく発見が困難だからだ。そこで**必要に応じ、敵のクワッドローター型市販ドローンや、小型無人攻撃機の電波妨害（ジャミング）手段を準備**する。

今どきは、市販のドローン用妨害装置（ジャマー）が存在するほどで、ウクライナ・ロシア戦争では両軍が互いに市販ドローンを電波妨害しているのだ（**写真5-21**）。

ドローン用ジャマーには、バックパックに入れて背負える「マンパック型」のほか、コンパクトな「携帯型」や小銃のような形状の「ジャミング・ガン型」などがある。

今や両軍とも、末端の部隊が中隊レベルで電子戦を行い、市販ドローンを妨害する時代である。ついには「簡易型ジャミング装置」を大量生産して、末端部隊にまで交付し始めた。ところが、この携帯型簡易ジャマーがほとんど役に立たないシロモノだという。ウクライナ軍のものは、まだなんとか実用レベルにあるそうだが、ロシア連邦軍の簡易ジャマーは、小学生の電子工作キット以下である。

ドローン用ジャマーは、敵のドローンが遠隔操縦に用いる周波数帯の電波をキャッチし、それを妨害する仕組みだ。しかし、ロシア連邦軍のジャマーは、送受信アンテナの取りつけ位置が悪くて電波干渉してしまう。しかも、基盤など装置内部の冷却手段

写真5-21　米国がウクライナに供与した、市販ドローン妨害装置「ドローン・ディフェンダー」
（写真：ウクライナ国防省）

がファンのみで、筐体内に熱がこもってすぐ故障するという。こうなると、ウクライナ軍の市販ドローンなどを電波妨害するよりは、早期発見して対空射撃で撃墜するなど、物理的破壊（ハード・キル）を追求するほかに手段はないだろう。

ほかの戦闘準備事項としては、射撃目標の標定、射撃指揮装置（FCS）への射撃諸元の入力、弾薬交付、中隊基準砲による試射などがある。これらについても同時並行的に実施し、火砲の射撃前に準備をすませておく。

第6章
砲兵部隊の射撃と各種戦術行動

本章では、砲兵の各個戦術と部隊戦術を中心に、どのように火砲を射撃して、どのように戦うのか、細部について解説していく。

ロシア連邦軍の152mm自走榴弾砲「2S19ムスタ-S」。ソ連時代末期に部隊配備が始まったが、高価なため改良されつつ細々と調達されている（写真：ロシア連邦軍）

6-1

現代の砲兵と戦闘教義（ドクトリン）

　アレキサンダー大王やハンニバル将軍が活躍していた大昔の時代には、「我が軍は、このような戦い方をして勝利するのだ」という戦争指導の方針は、彼ら指揮官の頭の中だけにあるものだった。だから、「カルタゴ軍作戦要務令」などという書物も存在せず、遺跡から発掘されることはない。

　これに対し、現代の各国軍は「戦闘教義＝Battle（バトル）Doctrine（ドクトリン）（以下、ドクトリンという）」を平素から整備して、作戦教範などのマニュアルとして明文化している（**写真6-1**）。

　これは、紙媒体・電子媒体を問わず、全軍の末端将兵にまでドクトリンを周知徹底するためには、明文化されているほうが都合よいからだ。

写真6-1　米軍の教範「野戦砲兵射撃」の表紙。現代では、デジタル化された古い外国軍の教範であれば、無料で閲覧できる（写真：米国カリフォルニア州立図書館）

　ドクトリンとは、「軍隊が作戦行動を実施するうえで、任務達成の指針となるべき行動原則」といってよい。軍隊の行動原則について、部隊編成・装備・戦略戦術などを考慮し、体系的にまとめたものがドクトリンである。

　戦闘中に、指揮官の戦死や通信の途絶など、予期せぬ事態や錯誤が生じることは戦争の常だ。だが、**戦時に備えてドクトリンを確立しておくことで、混乱や損害を最小限に抑え、戦闘を継続できる**。では、現代の砲兵は、どのような戦闘教義にもとづいて、作戦行動を行うのだろうか。

　現代の砲兵は、部隊の編成上、火砲1門を装備する「砲班」が最小単位である。外国軍

現代の砲兵と戦闘教義（ドクトリン）

では、この砲班が数個集まり「砲兵小隊」になる場合が多い。陸上自衛隊には砲兵（特科）小隊がなく、砲班が5個で「戦砲隊」を編制し、砲兵中隊の中に1個戦砲隊をもつ。

砲兵部隊が行う戦術行動には、最小編制単位たる砲班が実施する**「各個戦術」**と、独立部隊として最小単位となる「中隊」以上の規模をもつ、砲兵の各級部隊が行う**「部隊戦術」**に大別できる。前者は、戦術といっても、射撃方法などおもに火砲単体での技術的なもので、後者は作戦や運用に関するものだと思えばよい。また、厳密にいえば、「砲兵戦術」とか「戦車戦術」という名称の戦術は存在しない。したがって、砲兵戦術とは「戦闘教義にもとづく砲兵の作戦行動全般」を指す、と思っていただこう。

さて、前述したように、**各国軍の砲兵部隊は各々の戦闘教義にもとづき、作戦行動を行う**。戦闘教義は国により時代により異なるものであり、一様ではない。しかし、世界最強の国力と軍事力をもつ米軍の影響を受けていない軍隊は、ほぼ存在しないといってよい。武器・兵器の設計におけるコンセプトやデザイン、教育訓練方式などはもとより、戦闘教義も多くの国々が米国の影響を受けているのだ。

21世紀の現代では、米国が2017年に教範として制定した**「全領域作戦（マルチ・ドメイン・オペレーション）」**が各国の範となっている。従来の陸海空という領域に加え、第4の戦場ともいえる「**サイバー領域**」と第5の戦場「**宇宙領域**」、第6戦場の「**電磁波領域**」など6つの戦場空間において、**敵より優位に戦おうとするものだ**（図6-1）。

この全領域作戦の始祖は、米国が1980年代に確立した「**エアランド・バトル（空地一体**

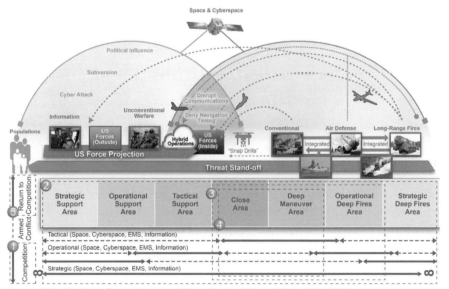

図6-1　米国が制定した「マルチドメイン作戦」の概念図（図版：米陸軍/米国防総省）

作戦）構想」にある。エアランド・バトル構想は、1991年の湾岸戦争でコンセプトが正しいことが証明された。だが、冷戦終了後の安全保障環境は激変し、21世紀の米国は、国家ではない武装テロ組織相手の非・正規戦に対しても対応を迫られた。そこで、2009年に「エアシー・バトル（海空主体作戦）構想」により、海軍および空軍の戦力投射を重視した陸海空軍海兵隊による統合作戦の検討を経て、現在のマルチドメイン作戦へと至る。

図6-2　領域横断作成のイメージ図（図版・防衛省）

　日本でも、米国のマルチドメイン作戦を参考にした「**領域横断作戦（クロス・ドメイン・オペレーション）**」が防衛計画の大綱に盛り込まれ、多次元統合防衛力と名づけている。領域横断作戦は、陸海空の戦場に加え、これまで他国よりも遅れていた3分野、つまりサイバー領域・宇宙領域・電磁波領域を加えた6つの戦場を横断して戦おうというものだ（**図6-2**）。各国軍の砲兵部隊は、こうした戦略・戦術の下位概念である戦闘教義にのっとり、作戦行動を行うのである。

6-2

砲兵の各個戦術（測量および測量機材の概要）

　砲兵が行う測量には、三角測量（前方交会法、後方交会法など）、トラバース測量、巻尺測量、天体観測測量、慣性測量、GPS測量、衛星・航空写真測量などがある。このうち三角測量は、文字どおり三角の図形を用いて行うもので、もっとも基本的な測量方法だ。三角測量の手順を大ざっぱにいえば、以下のとおりになる。

　まず、測量する場所を選定し、任意の2点間「A」と「B」の水平距離を測定する。この線が「基線」だ。この基線にもう1点「C」を加えると、地表に三角形ができる。この三角形の内角と一辺の長さ（水平距離）から、三角形の各辺の距離と未知の角度を求めるのだ。

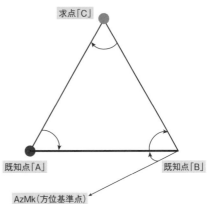

図6-3　三角測量

　図のように、ある基線の両端には既知点「A」と「B」が存在する。この既知点から、今から測定しようとする未知の地点（求点という）「C」における角度を得るには、計算で求めればよい。三角形の内角の和が180度なので、既知点の角度（水平角または垂直角）がわかれば簡単だろう（**図6-3**）。

　一方、トラバース測量とは、既知のある点を基準にして、順番に測定していく方法だ（**図6-4**）。

　図で示した「TS」とは、トラバース法で測量を行うときの測点で、測量した順に「TS-1」、「TS-2」………のように数字で表す。

　このTSで表した測点を線

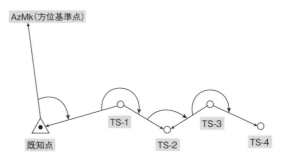

図6-4　トラバース測量

123

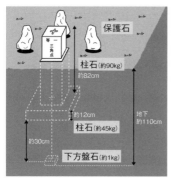
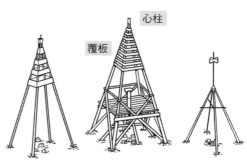

図6-5　三角点の構造（左）と、櫓状をした測量標（右）（図版：国土地理院）

で連結すると折れ線状になるが、測定する順番はアナログ時計でいう「時計回り（右回り）」でも「反時計回り（左回り）」でも、どちらでもよい。この折れ線を構成する辺の長さ（水平距離）と、測点の角度（水平角または垂直角）がわかれば、各測点における方眼方位角と標高を、計算により求めることができる。

　ちなみに、**既知の基準点としては、山頂や丘の近傍、見晴らしのよい開闊地（開けた場所）などに設置されている「三角点」を用いる**とよい。櫓状の三角標が立ててあれば、遠方からでも視認できるからだ（**図6-5**）。この三角点は、故意に移動したり破壊したりしないかぎり、恒久的に設置されている地物である。このため、**平時の訓練ではこれを基準として、各種の測量を行うことが多い。**

　さて、次は砲兵の測量機材である。これには巻尺セット、標桿（ポールとも呼ぶ）および標桿灯、方向盤、パノラマ眼鏡、照準コリメーター、トランシット（セオドライト）、方位測定機、位置座標標定装置（PADS）などがある。

　なかでも**巻尺セットは、もっとも基本的で簡易な測量機材**だ。巻尺測量は、前方巻尺手および後方巻尺手の2名が連携し、2点間における水平距離の測定を行う（**図6-6**）。

　一見、簡単そうだが、図のように錘球を装着して測定するので、巻尺をピンと

図6-6　巻尺測量は、約30mの水平距離を測定できる、もっとも基本的な測量方法だ（図版：米陸軍技術教範より）

緊張させないと、正しく測定できないので注意しなくてはならない。

標桿は、赤色と白色に塗装された棒で、巻尺セットとともに、もっとも基本的な測量機材である(**写真6-2**)。1980年代ごろまでは、各国軍で標桿が多用されてきた。2本の標桿を直線上に植立して、眼鏡を覗いたとき、1本に見えるように配置するのだ(**写真6-3**)。標桿は簡素ではあるが、現代でも砲兵科の新兵教育用に用いられている。

写真6-2 「標桿(ポール)」を植立するため、駆け足で移動する測量訓練中の米軍砲兵(写真:米陸軍)

ちなみに、夜間の射向付与で標桿を立てるときは、標桿の先端が暗くて見えない。そこで、**標桿の先端に「標桿灯」というライトを装着する。**このライトは緑色と赤色各1個からなり、冷戦時代は豆電球であったが、現代ではLEDの電球になっている。

写真6-3 間接射撃を行う前、概略方向に基準点を設けるため測量を行う。赤白の棒が「標桿」(写真:防衛省)

21世紀の現代では、灯火管制は無意味だという人もいるが、米軍ですら末端の砲兵全員分の暗視装置は装備していない。このため、なにかしらの明かりが必要だ。しかし、明かりを煌々と点けるわけにはいかない。

このため、最小限の灯火を点ける。自衛隊では「ケミホタル」などと俗称するサイリウムだが、標桿灯には使えないこともないが、少々暗いだろう。このため、各国軍とも輝度調整ができるLED豆電球式のライトを標桿の先端に装着し、射向付与の測量を行うことが多いようだ。

そして、無人偵察機などのGPS座標をデータリンクで転送することにより、目標の座標が容易に得られると思うのは誤りだ。敵の電子妨害で、軍用ネットワークによるデータリンクはたびたび切断されるし、空中標定を行う偵察機・観測機が座標データを送信してくる前に撃墜されることも多い。これらの事象は、ウクライナ・ロシア戦争がよく示すとおりであろう。このため、**アナログ的な測量もおろそかにしてはならない。**

方向盤は、榴弾砲など火砲の射向付与に用いるが、1/500の精度で測量を行う機材だ。米軍では、第二次大戦中に使用していたM1方向盤の後継として、戦後はM2方向盤を採用して各国でも使われた。陸上自衛隊では、国産化したJM2方向盤を使用し、現代の米軍でもM2の改良型である「M2A2方向盤」を使う(**写真6-4、図6-7**)。近年では、火砲の射向付与にコリメーター(後述)が使われることが多く、方向盤の使用頻度は減少傾向にあるようだ

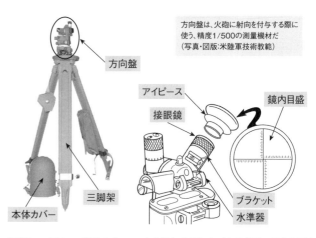

写真6-4、図6-7　米軍の「M2A2方向盤」外観および各部名称。日本も国産化した「JM2方向盤」を用いている

パノラマ眼鏡は、榴弾砲などの間接照準具として使われる光学機器で(**図6-8**)、火砲の射向付与に不可欠である。FH70がそうであるように、榴弾砲など大口径火砲にもパノラマ眼鏡がついている。榴弾砲には「眼鏡託座」と呼ぶ、パノラマ眼鏡を取りつける架台があり、そこに装着するのだ。

このほか、測量機材として水平角および垂直角を測定する「セオドライト(トランシット)」や、距離および斜角を測定する「光波測距機」、これらに加え近年では「コリメーター」や「目標標定機」も使用されている(**図6-9、写真6-5**)。

一見、これらは三脚架に箱状の機械が載っていて、似たような外観である。しかし、それぞれ用途も異なれば、調達時期も違う。測量機材は日進月歩であり、新旧各型の機材が混在しているのが現状だ。それは陸自だ

図6-8　パノラマ眼鏡の外観および構造(参考図版：防衛装備庁)

砲兵の各個戦術（測量および測量機材の概要）

写真6-5 「目標標定機」を使い、目標を標定中の陸上自衛官（写真：陸上自衛隊）

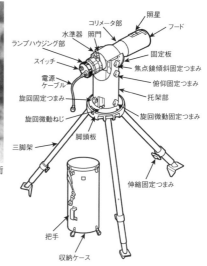

図6-9 コリメーターの外観および各部名称（図版：陸上自衛隊）

けでなく、諸外国軍も同様らしい。

そして、「位置座標標定装置（PADS：パッズ）」だが、これはジャイロを用いた測位システムである（**写真6-6**）。GPSがなかった時代は、各国軍ともジャイロの慣性効果を用いたINSという測位システムを用いたものだ。その大半が、車載型INSである。

大ざっぱにいうとINSは、ジャイロがもつ慣性効果（玩具の地球ゴマと同じ原理）と加速度センサーにより、方位・速度・位置を検出する仕組みだ。

写真左の隊員は、車両の荷台に設置されたPADSの後方に、三脚に乗せたセオドライトを設置し、水平角または垂直角の測定を行っている。これを**測量オフセット**という。PADSは、任意の地点における方眼座標と標高、方眼方位角の測定ができる。しかし、その反面、水平角および垂直角の測定機能がない。そこで、**セオドライトを併用するのだ**。

現代では、**GPS誘導を補完する**ものとして**INSも併用**されているが、当時はこれしかなかった。今どきのスマートフォンには、加速度センサーも内蔵されているし、GPSを利用して座標も標高もわかる。軍用の砲兵アプリには、軍隊で使うUTM座標への変換機能まであり、簡単な操作で座標などを得られるから便利だ。

PADSは現代の若い隊員からす

写真6-6 第1地対艦ミサイル連隊のPADS測量訓練。左手に、PADSを搭載した73式小型トラック（パジェロ）の後部が見える（写真：陸上自衛隊）

第6章

れば大変不便なもので、ジャイロの安定に時間を要するうえに、キー操作も複雑かつ面倒なシロモノである。しかし、GPSがなかった時代は、それなりに役立っていたのである。また、有事に敵がGPS衛星を破壊すれば、ほかに精度が高い測位システムはINSしかないから、このPADSが役立つのだ。

最後に衛星・航空写真測量だが、有人・無人の航空機を用いて地上の写真を撮影し、測量のデータを得る方法だ。近年では、自前の偵察衛星を保有していない国でも、高解像度の商用衛星による画像が入手できる。画像分析自体は、専門の情報部隊が行い、末端の砲兵中隊は上級部隊経由で画像を受領するだけである。しかも、現場の陣地測量の資料としては、あまり利

写真6-7　市販ドローンで空中3D測量を行う際、まずはドローン自身の基準点になる「標定点」の測定を行う必要がある

写真6-8　タブレット操作によりデータの入力・処理を行う陸上自衛官（写真：陸上自衛隊）

用価値はない。むしろ、有人・無人の航空機のほうが、リアルタイムで測量に使う画像を得られるだろう。近年では、末端の砲兵中隊にも市販のクワッド・ローター型ドローンが普及し、空中3D測量に使用されている。

市販ドローンは航続距離が短く、運用が天候に左右されるが、簡易に飛ばせて地上の写真を撮影できるのが利点だ。撮影地点の緯度経度はUTM座標に変換し、標高のデータとともに専用のソフトウェアで3D化する（**写真6-7**、**写真6-8**）。市販ドローンによる空中3D測量は、従来から実施してきた手作業による地上測量と組み合わせ、相互に短所を補完しつつ行うのだ。

6-3 砲兵の各個戦術（弾着観測および観測機材）

　射弾の観測と判定は、砲兵の火砲が間接照準射撃を行ううえで、きわめて重要だ。弾着観測の方法としては、前進観測員（FO）による地上での観測、地上に設けた観測点または観測所（OP）による観測、有人または無人航空機による空中観測（AOP）などがある。

　まず地上での観測だが、これは砲兵が歩兵部隊などの支援先部隊に派遣した**観測員（FO）**が弾着観測を行うもので、双眼鏡などの光学機器を用いて実施する。

　OPによる観測は、観測員が事前に設けた**観測点**や**観測所**に位置して、砲隊鏡や双眼鏡で**観測**を行う（**写真6-9**）。

　AOPは、かつては固定翼機型の軽飛行機やヘリコプターなど、有人機で弾着観測を行っていた。

　陸上自衛隊の場合は、観測ヘリ

写真6-9　M65砲隊鏡を使用し、弾着観測を行う陸上自衛官（右）。砲隊鏡が「カニ眼」と俗称される形状なのがわかるだろう（写真：陸上自衛隊）

写真6-10　陸自の「観測ヘリコプター OH-6J」。現役時代の筆者は、これの機付整備員だった（写真：あかぎ ひろゆき）

コプターのOH-6やOH-1により、空中観測を実施していた（**写真6-10**）。

　しかし、21世紀の現代では、無人観測ヘリコプターのFFOSや、固定翼機型の無人偵察機、市販の偵察用ドローンなどで空中観測を行うようになった（**写真6-11**）。これは、**有人機での空中観測は敵に撃墜されるリスクがある**ことと、無人機制御技術が発達したためである。

　AOP（空中観測）は、第一次世界大戦で軍用機が登場してから行われてきたが、第二

写真6-11　陸自の方面情報隊が保有する、「無人偵察機システムFFRS」。無人観測システム「FFOS」（写真左）の発展型で、両機は姉妹機の関係にある（写真：防衛省および陸上自衛隊）

次世界大戦後にヘリコプターが実用化されると、各国軍で一般的なものとなった。

それまでは、固定翼の軽飛行機型をした観測機でAOPを行うしかなく、**敵に対して航空優勢を確保していないと危なくて飛べないため、撃墜されるリスクが高かった**からだ。

これに対し**観測・偵察ヘリコプターによるAOPは、地形をたくみに利用した匍匐飛行で目標に接近、ローター・マスト上のセンサーのみを樹上からだしたまま、ホバリングしつつ観測**できる。

ヘリコプターは、敵に発見されたら固定翼機より脆弱だが、見つかりさえしなければ、今なお有力な観測手段だ。このため、陸上自衛隊の「FFOS」がそうであるように、国によっては無人ヘリコプターでAOPを行うことも多い。

無人偵察機によるAOPは、1960年代末のベトナム戦争時に米軍が模索しており、**チャカやファイアビーなどの標的機派生型無人偵察機**が使われた。1991年の湾岸戦争では、アイオワ級戦艦の16インチ主砲射撃をAOP支援するため、**イスラエル製の無人観測機パイオニア**が使用されている。

現代では、ウクライナ・ロシ

写真6-12　ロシア連邦軍の無人観測機「オルラン10」。固定翼機型で、大型ラジコン機に似た外観。日本製のラジコン用エンジンとデジカメを使用していたことから、一般の人々は驚いたが、マニアの人気は高い（写真：ロシア国防省）

砲兵の各個戦術（弾着観測および観測機材）

ア戦争が示すように、無人偵察機や市販ドローンでAOPが実施されており、両軍とも作戦投入機数の一部が撃墜されることを前提として、無人観測飛行隊を編成しているようだ。

　ロシア連邦軍の場合、AOP任務の無人偵察機（オルラン10など）が2機で分隊を構成し、2個分隊で1個小隊だ。これと予備機2機の計6機で1個飛行中隊、というケースが多い（**写真6-12**）。もちろん、これらのAOP任務機は、撃墜されても人的損耗はゼロである。

第6章

6-4
砲兵の各個戦術
（火砲の照準、射向の付与）

　榴弾砲などの火砲は、目標が直接見えない。だからこそ、**間接的な測量により、目標の方向へ砲身を向ける**。

　また、弾着と目標のズレを修正するときも、離れた場所にいる観測員の指示で、間接的に修正射を行う。照準も射撃も弾着観測も、すべてにおいて「間接的に」行うわけだ。

　火砲を射撃陣地に据えつけたとき、砲身は概略の敵方を向いている。しかし、そのままでは目標に命中しない。各々の火砲には、中隊単位で異なる目標が割り振られており、**各火砲はそれぞれの目標に砲身を正確に向ける必要がある。これを「射向付与」という**。155ミリ榴弾砲FH70を例とすれば、野戦砲兵の火砲照準は、おおむね次のとおりだ。

図6-10　火砲の照準①

②照準手は、旋回角が「0」になっていることを確認（「パノラマ眼鏡」の方向目盛は「0」の位置）

①戦砲隊長は、北が「方向盤」の方向目盛の「0（ゼロ）」に一致するように操作する

凡例
戦＝戦砲隊長
照＝照準手

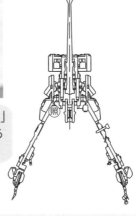

写真は、米軍のM2方向盤だが、日本は国産化したJM2を使用

砲兵の各個戦術（火砲の照準、射向の付与）

　まず、戦砲隊長の指示により、砲班長は照準手に射向の付与を命ずる。戦砲隊長は、基準となる方位は北の方角なので、北が「方向盤」の方向目盛の「0（ゼロ）」に一致するように操作する。ここで、読者諸氏に注意してほしいのは、北には「真北（緯度上の北）」・「磁北（コンパスの針が示す北）」・「方眼北（地図上の北）」の3つがあることだ。通常は、方眼北を使い「0」に合わせるが、応急的にはコンパスの磁北を方向盤にあわせてもよい。

　一方、照準手は、図のように旋回角が「0」になっていることを確認する（FH70の眼鏡託座に取りつけてある「パノラマ眼鏡」の方向目盛は「0」の位置）（図6-10）。次に、戦砲隊長は方向盤（または、コリメーター）をパノラマ眼鏡に向け、照準手は逆にパノラマ眼鏡を方向盤（または、コリメーター）へ向けて照準規正を行う。これを「対向照準」と呼ぶ。これで、互いの照準線が一致する（図6-11）。

　照準規正が終わったならば、戦砲隊長は方向盤（コリメーター）の目盛の値（例：1,200ミル）を読み、照準手に伝える。照準手は、パノラマ眼鏡の目盛の値（例：700ミル）を読み、1,200 − 700となるので「砲軸線の方位角」が500ミルだとわかる（図6-12）。

図6-11　火砲の照準②

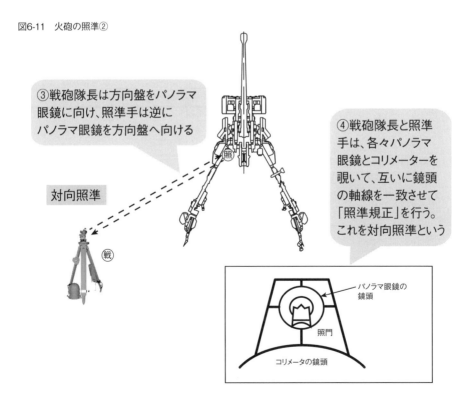

図6-12　火砲の照準③

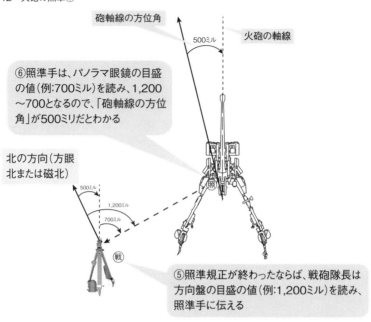

図6-13　火砲の照準④

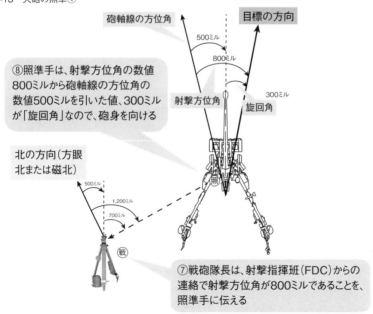

砲兵の各個戦術（火砲の照準、射向の付与）

　続いて照準手は、射撃指揮班（FDC）から伝えられた**射撃方位角**が800ミルだとすれば、800 − 500 ＝ 300となり、砲身の「**旋回角**」が300ミルだとわかる。そこで、旋回ハンドルを300ミル右へ回し、火砲の照準は完了だ（**図6-13**）。

　以上のような火砲の照準方法（射向付与）を「**反覘法**」という。ほかに、方向盤ではなく「照準コリメーター」を使用したり、「標桿（ポール）」を使用したりすることもある。近年では、照準コリメーターの使用が増えているが、おもに自走榴弾砲などの射向付与に用いるようだ。

第6章

135

6-5 対空戦闘

現代の陸戦は、空地一体の立体的戦闘が常識である。有人・無人の戦闘機および攻撃機により、陸軍などの地上部隊を支援して戦う。地上部隊のうち、戦闘兵科の砲兵部隊は機甲部隊（戦車）と並んで最重要な攻撃目標だが、それは敵にしても同様だ。このため、砲兵部隊は敵の経空脅威からみずからを防護する必要がある（**写真6-13、6-14**）。

写真6-13、14 「経空脅威」の例。ロシア空軍の「Su-57ステルス戦闘機（左）」や「Mi-24Pハインド攻撃ヘリコプター（右）」などの有人機以外にも、各種の無人攻撃機や地対空ミサイルも経空脅威に含まれる
（写真：かの よしのり）

経空脅威とは、「飛行または飛翔して地上部隊を狙う、武器や攻撃手段」と定義できよう。具体的にいえば戦闘機や有人・無人の攻撃機および攻撃ヘリコプター、それらのプラットフォームから発射される空対地ミサイルなどの武器、クワッド・ローター式の小型無人機改造攻撃機（いわゆる、ドローン）などだ。

砲兵部隊は、我が戦闘機や地対空ミサイル部隊から間接的に防護されているが、敵の経空脅威は防護の間隙を縫って襲来してくる。そこで、砲兵部隊みずからが対空戦闘を行う。とはいえ、対空戦闘の専門部隊ではないから、砲兵部隊が行うのは自衛のために行う対空戦闘だ。

陸自の特科部隊だけでなく、諸外国軍の砲兵部隊も対空戦闘装備はたいてい貧弱である。末端の砲兵中隊には、「携帯地対空ミサイル（MANPADと呼ぶ。通称、携帯SAM）」（**写真6-15**）と対地対空両用の「重機関銃」（**写真6-16**）が各々数セットある程度で、国によってはさらに車載型の「短距離地対空ミサイル」を1〜2セット装備するが、その程度でしかない。

対空戦闘

また、砲兵部隊は飛翔中の敵砲弾を探知する「対砲レーダー」や「対迫レーダー」こそ装備しているが、「対空レーダー」はもっていない。

写真6-15　陸上自衛隊の91式地対空誘導弾。携帯型の地対空ミサイルで、他国軍も類似品を装備している（写真：陸上自衛隊）

このため、敵機などの探知は空軍のレーダーや、対空ミサイル部隊などのレーダーに依存している。

探知された**敵機**などの情報は、「**対空情報**」**として上級部隊経由で伝達**される。具体的に対空情報とは、我に接近中の敵機が何機なのか、機数や現在位置、我が展開地への予想到達時刻などを指す。

音声による無線通信のほか、部隊間ネットワーク通信で共有され

写真6-16　3曹のころ、12.7mm重機関銃M2の弾薬手として、対空戦闘訓練中の筆者（写真右）。青森県六ヶ所村の訓練場で、対空実射訓練も2度参加している（写真：あかぎ　ひろゆき）

た対空情報は、砲兵部隊の指揮所内にあるパソコンにも表示されるのが一般的だ。

通常、**戦場における脅威の度合は、たいていの国で色を使用して示す**。たとえば、敵の脅威がないときは「白」や「青」の警報色を用いるし、敵が接近して「注意せよ」という段階になれば「黄色」になり、敵の空襲近しとなれば「赤警報、警戒を厳にせよ！」というぐあいだ。

このようにして、敵機などが我が砲兵の展開地上空へ襲来し、**明らかに我を攻撃しようとしたならば、自衛のため対空戦闘を行う**。レーダーがないので、射撃にあたっては事前に双眼鏡などの光学機器による目視で対空監視するとともに、各々数名からなる対空機関銃チームと、携帯SAMチームがよく連携して、敵機などの撃墜に努めなくてはならない。

この際、小銃も総動員して砲兵中隊が全力で対空射撃を行うのだ（**図6-14**）。ベトナム戦争では、米軍のジェット戦闘機などが地対空ミサイルを避け、高高度から低空へ逃

れても、対空機関砲に撃墜されることがあった。さらに、空対地ミサイルも爆弾も使い果たした米軍のジェット戦闘機やジェット攻撃機が、地上を機銃掃射しようと低空を低速飛行していたとき、北ベトナム軍およびベトコンの小銃による一斉射撃で撃墜されている。

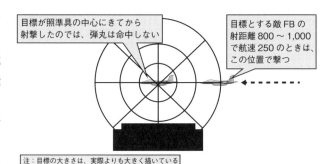

図6-14　環型照準具を使用した、HMG対空射撃のイメージ

　重機関銃によるプロペラ機など低速目標への命中率は、1,000発に1発すなわち0.1%でしかない。小銃ならそれ以下で、数千発に1発だろう。目標がジェット戦闘機や攻撃機であれば、命中率はさらに低下する。しかし、ベトナム戦争やソ連時代のアフガニスタン侵攻では、ジェット戦闘機や攻撃機が小銃や機関銃による弾幕射撃で撃墜されているのは事実だ。だから、敵の航空攻撃に対して圧倒的に不利でも、決してあきらめてはいけない。

　これが、低速な攻撃ヘリコプターなら、より撃墜できるチャンスが大きくなる。無防備なときのホバリング時を狙えば、なんとか撃墜できるだろう。しかし、クワッド・ローター式のマルチコプター、いわゆる市販の業務用およびホビー用ドローンはやっかいだ。**小型かつ低速なのでレーダーや目視で探知しにくい**（鳥と誤認してしまう）うえに、電動のモーターで飛行するものは、**音が小さいので発見しづらい**。

　これが、数十機とか百機二百機という大編隊で飽和攻撃しようものなら、大きな損害を覚悟しなくてはならないだろう。

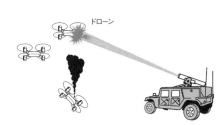

図6-15　防衛装備庁が研究中の「ドローン対処レーザー」（図版：防衛装備庁）

写真6-17　トルコが開発した無人攻撃機「バイラクタルTB2」。2020年のナゴルノ・カラバフ紛争で脚光を浴びた。

こうした市販の業務用およびホビー用ドローンは、人間が1機ごとに遠隔操縦するのではなく、プログラムで「群制御」して飛行させるのが一般的だ。だから、大編隊を組んでいるうちに、機先を制して撃墜してしまえばよい（**図6-15、写真6-17**）。

我が日本の防衛装備庁は、「統合対空信管」を研究開発中である。この信管を装着した155mm榴弾を使い、中型無人機群へ散弾状のタマで対空射撃を行い、撃墜しようというのだ（**図6-16**）。

浮塵子（ウンカ）の如く襲来する市販の業務

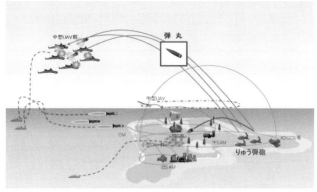

図6-16　防衛装備庁が研究開発中の「統合対空信管」を装着した155mm榴弾砲による、中型無人機群への対空射撃運用構想図（図版：防衛装備庁）

図6-17　高出力マイクロ波を発射して、ドローンの群れ（スウォーム）を撃墜する研究が行われている（図版：防衛装備庁）

用およびホビー用ドローンは、攻撃前に編隊を崩して小グループに分散するので、その前に射撃しなくてはならない。

かつて、日本海軍の**戦艦大和**には、46cm主砲の対空射撃用弾薬で「三式弾」というのが存在したが、それと同様に効果は少ないかもしれない。

しかし、実用性は低くても、榴弾砲など野戦砲兵の火砲が座して死を待つよりは、対空射撃により敵機をいくらかでも撃墜したほうがよい、という考えもある。ほかに、レーザー砲や電磁砲（レールガン）もドローン用対空射撃の手段として、自衛隊や各国軍で実用化されつつある（**図6-17**）。さらに、日本の防衛装備庁は、スウォームと呼ぶ無人機の群れに「高出力マイクロ波」を発射して撃墜する装置を、米軍と共同開発しようと研究に余念がない（**写真6-18**）。だが、こうした次世代の防空システムが末端の砲兵中隊にまで普及するのは、だいぶ先のことになるだろう。

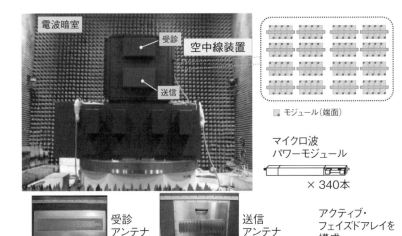

写真6-18 高出力マイクロ波発生装置の試作品。実用可能な武器とするには、小型軽量化が必要だ
(写真:防衛装備庁)

　ところで、ウクライナ軍は、防空の間隙を縫って飛来する敵の巡航ミサイルや、市販ドローンおよび無人攻撃機に対処するため、**機関銃および機関砲を装備した「機動防空隊」**を多数、臨時に新編した。四輪駆動式ピックアップ・トラックの荷台に機関銃や機関砲を載せただけの、フットワークを重視したシンプルな部隊だ。

　この部隊はレーダーも射撃統制装置も装備していないが、上級部隊からの無線通信などにより、目標までの距離や高度の情報を得て、双眼鏡などの目視で捜索にあたる。

　地対空ミサイルなどを装備した**防空専門部隊が付近に存在しない場合、**この機動防空隊が敵のミサイルや市販ドローンなどに対処してくれるという(**写真6-19**)。

　確かに、機関銃だけで巡航ミサイルや市販ドローンを撃墜した事例はあるが、ウクライナ国防省の宣伝になる程度でしかない。実際には地対空ミサイルがないと、これらの撃墜は困難である。しかし、機動防空隊すら近くにいなければ、末端部隊はみずから対空戦闘を行わなくてはならないのだ。

写真6-19 撃墜した敵機(ミサイル)の破片を自慢げに手にする、ウクライナ軍機動防空隊の兵士 (写真:ウクライナ国防省)

6-6

砲兵の各個戦術（射撃目標の標定〜航空標定から音源標定まで）

　射撃目標の標定とは、我が火砲の目標（主として、敵の火砲など）の位置を特定することをいう。通常は座標をもって示すが、北緯・東経の緯度ではなく「UTM座標」で表す。

　UTMとは、ユニバーサル横メルカトールの略で、本来球形をしている地球を平面に投影し、地図上で位置を示すときに使う。この座標は、米軍が開発してNATO軍共通規格となった「MGRS＝Military Grid Reference System」で使われており、陸自でも使用している。

写真6-20　陸自駐屯地の売店で入手できる、東富士演習場の地図。官品の地図と同等品で、国土地理院の地図に格子状の線と、UTM座標の数値を加えたもの

　軍隊の地図（軍用地形図）には、縦横に等間隔で線が引かれており、格子状になっている。このグリッドと呼ぶ格子状の線に、座標として使う数値が記載されている（**写真6-20**）。

　この数値は6桁〜8桁であり、MGRSでは7桁を使う。**数値は左から右、下から上方向へ読む**。すなわち地図上の西から東、南から北方向に記載してある数値を読むのだ。ちなみに、陸自では新隊員教育などでUTM座標の数値を読むとき、ボクシングにたとえて「左フック右アッパー」と覚えさせる。

　これがUTM座標であり、砲兵の射撃に不可欠な要素だ。現代では衛星偵察および航空偵察、GPS衛星を利用して、正確な射撃目標の座標を得ることができる。

　しかし、宇宙空間のGPS衛星が破壊された場合、ほかの手段で代替しなくてはならない。たとえば偵察衛星の画像や、無人偵察機などが撮影した動画および航空写真から座標を得るほか、地図上で座標を求めるなどのアナログ的な方法である。このほか、航空

標定以外の方法としては地上偵察、電子偵察による標定、対砲迫レーダーによる標定などがある。

地上偵察による目標の標定では、光学機器を用いて目視で標定を行うが、これはもっとも基本的かつアナログな標定手段だ。この際、まずは自分がどこにいるのか、自己位置を標定することから始めなくてはならない（**写真6-21**）。

写真6-21　「レンザティック・コンパス（陸自では、磁石・レンズつきと呼ぶ）」を使い、複数の既知点を基準に自己位置標定中の陸上自衛官（写真：陸上自衛隊）

この際、コンパスと8倍双眼鏡などを用いるが、敵の火砲を標定する以前に自分が迷ってしまっては意味がないからだ。敵陣地の概略方向を知る以前の問題である。

ほかに敵火砲の発射で生じる**閃光や煙で標定する「火光標定」**や、**火砲発射時の音と振動を捉えて標定する「音源標定」**もある。

火光標定は、単眼式の砲隊鏡といえそうな形状の「火光標定器」を用いるが、これは一種の潜望鏡だ（**写真6-22**）。見通し線上に障害物があると標定が困難となり、敵陣地へ接近しての標定は危険をともなう。このため、第二次世界大戦後は火光標定の機会も減少している。

写真6-22　火光標定器（左）と8倍双眼鏡（右）を使用して、敵火砲の砲口に生じた光や煙により、目標の位置を特定する陸上自衛官（写真：陸上自衛隊）

一方、音源標定の原理だが、これは横方向数kmの間にマイクロホンを数個（3〜6個が一般的）離隔設置し、**音（大気中の振動）と地面の振動を解析**することにより、敵火砲の位置を特定する仕組みだ（**図6-18**）。

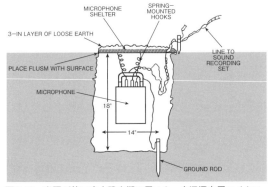

図6-18　米軍が第二次大戦末期に用いた、音源標定用マイクロホンの設置例（図版：米軍野戦教範より）

音源標定は第一次世界大戦時からすでに行われており、ドイツ軍のパリ砲も射撃陣地を特定されている。ドイツ軍のパリ砲が射撃するとき、周囲に布置した口径が異なる複数の火砲も同時に撃ち、敵の音源標定を妨害しようとした（**写真6-23**）。

写真6-23　第一次世界大戦時のドイツ軍が用いた音源標定装置

だが、出現間もない新兵器の航空機による偵察と、音源標定を併用することにより、パリ砲は位置を暴露されてしまうのだ。

現代の各国軍が装備する**音源標定装置は、地上・地中設置型と車載型に大別される**。地上・地中設置型として代表的なのが、英国のBAEシステムズが開発した「HALO」だ（**写真6-24**）。

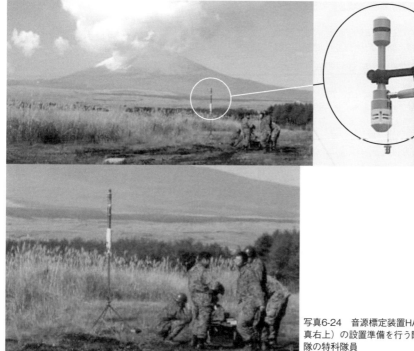

写真6-24　音源標定装置HALO（写真右上）の設置準備を行う陸上自衛隊の特科隊員
（写真：英国防省・BAEシステムズ）

この装置は、2～4km間に最大12カ所のマイクロホンを設置、敵火砲の発射音を捕捉すると、瞬時にデータリンクでCP(指揮所)へ送信される仕組みである。

　HALOは、標定精度を向上させるため、他国の装置と同様に、GPSと気象センサーを併用している。

　またHALOは、過去にボスニアヘルツェゴビナやイラク、アフガニスタンらにおいて実戦運用されており、英国のほかに米国やカナダ、陸上自衛隊など多くの国で使用されているという。

　一方、車載型は音源標定装置のシステム一式を、装甲車両やトラックに最初から搭載したものである。地上・地中設置型と同様に、多くの国で用いられているが、ウクライナ軍では「Polozhennya-2(ポロジェニャドゥヴァ)」が装備されている(写真6-25)。

　このシステムは、ロシアの「AZK-7音源標定装置」をベースに改良したものだ。Polozhennya-2が装備するマイクロホンは、3～8km離隔して3カ所に設置し、有線または無線で車両および指揮所とリンクしている。

　基本的なシステムの構成は、ロシアのAZK-7(写真6-26)とおおむね同様だが、搭載車両が「ウラル4320型トラック」から「MT-LB(汎用軽装甲牽引車)」になり、不整地走行など路外機動性が向上した。

　このように、音源標定装置は各国軍でさまざまなタイプのものが用いられているが、**敵の火砲位置の標定だけでなく、友軍火砲の弾着修正を支援することも可能だ**。

　国により、機材により異なるが、各国軍の音源標定装置は、おおむね30～40km離れた敵火砲の位置を標定できる。

写真6-25　ウクライナ軍の車載型音源標定装置「Polozhennya-2」(写真：ウクライナ国防省)

写真6-26　ロシア連邦軍の「AZK-7M音源標定装置」。軍用トラックのウラル4320にシステム一式を車載している (写真：ロシア連邦軍)

6-7 対砲迫レーダー

　対砲迫レーダーは、榴弾砲や迫撃砲など、飛翔する火砲の砲弾を探知する機材である。対砲レーダーおよび対迫レーダーをひとくくりにして、対砲迫レーダーと呼ぶ（**写真6-27**）。

　これら対砲レーダーの目的は、①飛翔中の敵砲弾を探知し、敵火砲の位置を標定する。②探知した敵砲弾の弾道を瞬時に解析し、弾着点を予測することで、弾着地域近傍の友軍部隊に注意喚起および警告を発する。③友軍火砲の弾道を観測し、レーダー班による観測射撃およびレーダーを用いた修正射を支援する、の3つだ。

　さて、対砲レーダー探知の原理だが、現代の対砲レーダーは、アクティブ・フェイズドアレイ式となっていて、昔の旧型レーダーの

写真6-27　陸上自衛隊の対迫レーダー「JMPQ-P13」
（写真：陸上自衛隊）

写真6-28　陸上自衛隊の対砲レーダー「JTPS-P16」。アンテナは、アクティブ・フェイズドアレイ方式だ（写真：陸上自衛隊）

ように、お椀型アンテナがクルクルと回転しながら走査することはない（**写真6-28**）。

　このレーダーは、昆虫のトンボがもつ複眼に似た多数のアンテナ素子からなり、個々の素子から細く絞った電波（ペンシルビームという）を発射する。ちなみに「細く絞った」とはいうものの、厳密にはビームの幅はレーダーの周波数帯で決まっており、ビーム幅の調節はできない。

　このように、レーダーからは電波（ペンシルビーム）が発射されるのだが、このビームを水平方向へ発射し、扇型をした2次元の「仮想レーダーシート」を複数作りだす。この

レーダーシートの間を敵砲弾が通過すると、通過した瞬間の時刻と座標がわかる。あとは、コンピュータが弾道計算してくれるので、敵火砲の位置と弾着予想点が推定できるのだ（**図6-19**、**6-20**）。

通常は、探知精度を上げるため、音源標定や火光標定と併用することが多い。

また、**対砲レーダーは敵砲兵の初弾発射を認知してから作動させる**。そうしないと、敵の電子戦部隊などに位置を暴露してしまうからだ。

また、必要に応じて間欠的にレーダーを作動させる。これにより、敵の対レーダーミサイル（**写真6-29**）により我が対砲迫レーダーが破壊されるのを防ぐ。

今どきの対レーダーミサイルは、敵レーダー作動時の電波発射位置を記憶する機能をもつ。したがってレーダーを停止させても、そこへミサイルが誘導されてくる（精度は低下するが）。

このため、**対砲レーダーも適宜陣地変換して小移動するなど、慎**

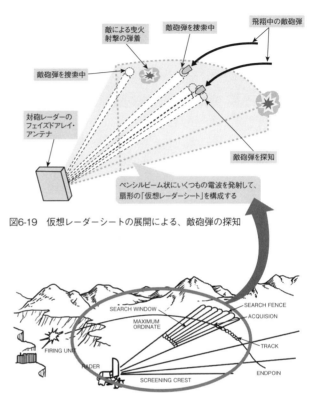

図6-19 仮想レーダーシートの展開による、敵砲弾の探知

図6-20 米陸軍の「ANQ/TP-37対砲レーダー」の運用例。敵砲弾だけでなく、友軍火砲の弾道を探知して、弾着修正を支援することもできる（図版：米軍野戦教範より）

写真6-29 米空軍のF-16C戦闘機に搭載された対レーダーミサイル「AGM-88HARM（ハーム）」。主翼の一番下にある、ひときわ大きなミサイルがHARMだ（写真：米空軍）

重に運用しなくてはならない。

なお各国軍の対砲迫レーダーは、基本的な構造および機能はほぼ同じで、陸上自衛隊の対砲レーダーJTPS-P16と同様に、アクティブ・フェイズドアレイ方式のアンテナを採用している。

ロシア連邦軍の対砲レーダー「Zoo park-1 (制式名称は、1 L 219という)」は、「MT-LB汎用装甲牽引車」の車体をベースとしたものだ(**写真6-30**)。

ちなみに、Zoo parkは英語でズー・パークだが、ロシア語およびウクライナ語では「ゾー・パルク」と発音する。2S19自走榴弾砲を装備した砲兵大隊と、大隊以上の上級部隊には、このZoo park-1が装備されている。

一方、ウクライナ軍の対砲レーダー「Zoo park-3」だが、これは俗称で制式名称は「1L220UK」という。

写真6-30　ロシア連邦軍の対砲レーダー「Zoo park-1」。ルジスキー演習場における射撃訓練で、第9親衛砲兵旅団の2S19自走榴弾砲が修正射を行うのを支援したときのショット
(写真：ロシア国防省)

写真6-31　ウクライナ軍の対砲レーダー「ZOO Park-3」
(写真：ウクライナ軍)

名称こそロシアのZoo park-1に酷似しているが、れっきとしたウクライナ国産である。また、こちらは装甲車両にレーダーをマウントするのではなく、トラック牽引式だ(**写真6-31**)。

ほかに、外観的にもレーダーなど、相違点があることがわかるだろう。そして性能的にも、ほぼ各国とも30〜40kmの探知距離である。米軍やNATO軍の類似機材と比較して、ロシアやウクライナの対砲レーダーが著しく劣っている、ということはない。この探知距離は、現代砲兵が装備する榴弾砲など、火砲の最大射程とほぼ等しいのだ。

6-8 砲兵の部隊戦術（空中機動 ～ヘリコプターと輸送機による空輸）

　空中機動作戦といえば、歩兵のヘリボーンをイメージする読者も多いことだろう。だが、砲兵部隊も空中機動を行うことは、皆無ではない。たとえば、ある戦域で戦況が悪化して、砲兵火力の必要が生じたとしよう。こうした場合、砲兵1個大隊の155mm榴弾砲を12門なり、1個連隊36門なりを緊急空輸して、当該戦域に転用することがある。

写真6-32　CH-47輸送ヘリコプターによる、155mm榴弾砲FH70のスリング空輸

　この際の空輸手段としては、①空軍の戦術輸送機と、②陸軍固有の汎用ヘリコプターおよび輸送ヘリコプターがある。国によっては、陸軍に航空隊がなく、ヘリコプターも空軍が運用している軍隊もあるだろう。たとえば、**陸軍の榴弾砲を陸軍のヘリコプターで空輸すれば、それは戦術機動の一環**なので、砲兵部隊が行う一種のヘリボーン作戦といってよい。まさに「空飛ぶ砲兵」だ。

　たとえば、陸上自衛隊が保有するFH70は、重量が約9トンもある。だが、大型輸送ヘリコプターCH-47ならば、**スリングによる機外搭載**が可能である（**写真6-32**）。

　しかし、CH-47の最大搭載量（ペイロード）ギリギリであり、最大速度では飛行できない。安全性を考えると、せいぜい時速60ノット（108Km）位だろう。したがって、歩兵（普通科）部隊とともに空中機動（ヘリボーン、陸自では「ヘリボン」と表記する）するには少々厳しいといえる。

　これに対し、米軍がウクライナにも供与した155mm榴弾砲M777は約4トンと軽量である。中型の汎用ヘリコプターUH-60でも、機外搭載してスリング空輸できるのだ。ウクライナ軍のMi-17ヘリコプターも4トンの貨物を運べるので、供与火砲をスリング空輸できるだろう。

砲兵の部隊戦術（空中機動〜ヘリコプターと輸送機による空輸）

ただし、こちらもペイロード一杯なので、榴弾砲をスリングしつつ軽快に旋回飛行することはできない。あくまで、短距離ならば榴弾砲1門をヘリコプター1機で空輸できる、というレベルでしかないのだ。だが、それでも牽引されて地上をノロノロと機動するよりは、部隊の展開速度が格段に速いことは、いうまでもないだろう。

写真6-33　陸自の「戦闘ヘリコプター AH-64D」。航空輸送作戦を支援するため、LZ周辺の制圧を行う（写真：陸上自衛隊）

また、戦況の厳しい戦域が遠方の場合、ヘリコプターで火砲を最寄りの飛行場まで端末輸送することがある。このとき、ヘリコプターの機外にスリングベルトで吊るして火砲を運ぶ。飛行場到着後、今度は戦術輸送機に載せ替えて離陸するのだ。

一方、陸軍の榴弾砲を空軍の戦術輸送機で運ぶ場合は、航空作戦の一環として空輸されるので、戦術機動の範疇とはならない。あくまで航空輸送作戦である。

もちろん、火砲を搭載した輸送機が安易に撃墜されては困るから、LZ（Landing Zone＝降着予定地域）付近に敵が接近できないよう、戦闘機や攻撃ヘリコプターなどで飛行場周辺を制圧すべく警戒待機しておく（**写真6-33**）。と同時に、輸送機の飛行経路も戦

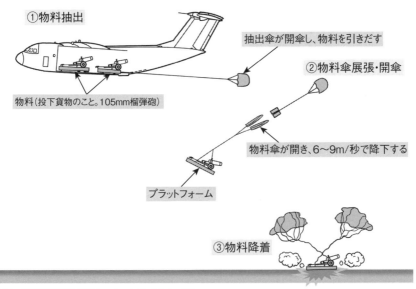

図6-21　戦術輸送機のPDSシークエンス（イメージ）

闘機で随伴護衛させるか、対空火器や地対空ミサイルで防護しなくてはならない。

こうして戦術輸送機は離陸するが、貨物室内に載せた火砲は、NATO軍共通規格品のプラットフォーム上に縛着されている。低高度なら物料傘で投下、地上スレスレの超低高度であれば、抽出傘によりパレットを引きだして地上に降着させることができる。この空中投下方式をPDS（プラットフォーム・デリバリー・システム）という（図6-21）。

戦術輸送機の大きさにもよるが、米国の「C-5」、「C-17」やロシアなどの「Il-76」なら自走榴弾砲も積めるし、NATO軍の「M400」、空自の「C-2」であれば、一般的な榴弾砲を余裕で搭載できる（**写真6-34**）。しかし、中型以下の戦術輸送機、たとえば引退した空自の「C-1」は、貨物室の容積および搭載量の点で105mm榴弾砲なら積めるが、FH70は搭載できないのだ。

写真6-34　2006年9月6日、ドイツのラムシュタイン空軍基地にて、C-17輸送機に搭載される、オランダ軍のPzH2000自走榴弾砲（写真：米空軍）

6-9 砲兵の部隊戦術（試射の実施と修正射、効力射）

　5-4項で前述したように、中隊が装備している火砲のうち、砲列での位置決めと試射を行う際の基準となる火砲を「中隊基準砲」と呼ぶ。この火砲で試射を行うわけだが、**榴弾砲など間接照準射撃を行う火砲の場合は、直接照準射撃のように初弾必中、とはいかない**ものだ。現代の戦車砲であれば、初弾の命中率は約98％といわれている。これに対して砲兵の扱う火砲では、間接照準であるがゆえに、初弾必中の保証はない。

　そこで、榴弾砲などの射撃では、効力射の前に試射を行う。**効力射とは、「目標に所望の効果を与えうる射撃」**のことである。

　ここで読者諸氏に注意してほしいのは、目標は敵だけではない、ということだ。橋や建物などの地形地物を目標に、「精密破壊射撃」を行うこともある。

　この射撃で橋が崩落するほど完全に破壊するか、通行不能な損害を与えることができれば、「所望の効果を与えた」ことになる。これが効力射だ。

　また、榴弾砲など間接照準射撃を行う火砲は**試射を行い、方位角や射角などの射撃諸元（射撃に必要な各種データ）を得る**。弾道計算そのものは、3-10項で述べた「FCS（射撃指揮装置）」が処理してくれる。しかし、砲身の向きを目標へ正しく導く「射向付与」や、風向・風速など「気象データの収集」など、**機械ではなく人が行う作業も多い（写真6-35）**。

　試射の結果、精度が高い射撃諸元が得られたならば、ここで初めて効力射を行うことができる。しかし、効力射で満足な結果を得られなかった場合、すなわち**目標から離れた場所に弾着したときは、修正射を行う**。弾着修正には、眼鏡などによる目視での修正、レーザー修正、レーダー修正などの各種方法がある。本書では、このうちもっとも一般的な目視での修正に

写真6-35　気象観測用バルーンの放球準備。他国軍の砲兵部隊にも、気象観測班が存在する（写真：防衛省）

ついて、以下に述べてみよう。

　まず、弾着修正の要領としては、「夾叉法」と「偏差法」がある。火砲は、たとえ砲架をコンクリートで固めて射撃したとしても、1発ごと弾着点が違う。かならずバラツキがでるものだ。このバラツキぐあいを「射弾散布」と呼ぶ（図6-22）。

　そして、弾着のバラツキが生じる範囲を弾道用語で「散布界」という。このバラツキが生じるのは、

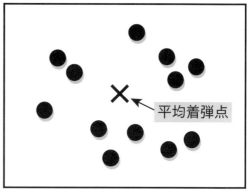

図6-22　ある火砲が射撃した際に生じた射弾散布の例。いかなる火砲でも、弾着にバラつきが生じるものだ

射撃ごとに風速・風向が異なるうえに、外気温度・装薬温度、砲身の温度も刻々と変化するからである。

　また、地球の自転も影響するから、それも考慮しなくては目標にタマは当たらない。さらに、敵陣地や橋などの点目標を除き、車両などの目標は動いている。だから、効力射の初弾から命中させるのは難しい。そこで、修正射を行うことになる。

　さて夾叉法だが、ある火砲が射撃をしたとき、初弾と次弾すなわち2発目が、目標を挟むように弾着したとしよう。

　このとき、もっとも目標に近い弾着点（近弾という）と、もっとも遠い弾着点（遠弾）の距離が100mだとしたら、この半分の50mが弾着点となるように修正を行う。

　これを何度か繰り返すうちに、弾着点が目標に近づいていき、最後には直撃するという理屈だ。この修正方法を「夾叉法」と呼ぶ（図6-23）。

　これに対して「偏差法」は、砲兵の間接照準射撃よりも、むしろ直接照準射撃に適した修正方法だ。車両など目標の移動速度に応じ、少し手前を狙って撃つ。これを「リードを取る」という。しかし、観測員の視界に対して横切るように移動する「横行目標」と、こちらに向かって来る「直進目標」では、移動速度と距離の感覚

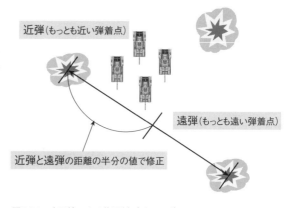

図6-23　夾叉法による修正射（イメージ）

152

が異なるものである。これを見越して射撃するのが難しい。したがって、なかなか初弾必中とはいかないが、修正後に命中が期待できるように、平素から訓練しなくてはならないのだ。

このように、目標から離れた位置に弾着した場合、砲班は夾叉法または偏差法により修正射を行う。では、観測員は弾着位置が目標からズレたとき、どのように報告するのだろうか。

まず、目標よりも奥方向に弾着したとき、つまり目標よりも遠い場合である。たとえば左右方向はあっているが、**目標よりも20m遠い位置に弾着したら、観測員は「遠し、引け20」と報告する**（図6-24）。

同様に、左右はよいが15m手前に弾着した場合、観測員は「近し、増せ15」と報告する（図6-25）。では、目標の前後方向はよいが、左に25mずれたときはどうだろう。この場合、観測員は「遠近良し、右へ25」と報告すればよい（図6-26）。

では、**弾着が大きく外れて砲隊鏡の視野に捉えられなかったとき**、観測員はどう報告するのか？

このような場合は、「鏡外！」と報告するのだ（図6-27）。観測員は、砲隊鏡の視野外に弾着時の閃光を感じたら、大きく外れたことがわかる。

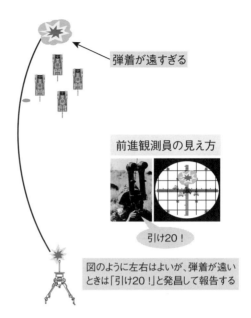

図6-24 修正射における、観測員の報告要領（弾着が遠すぎるとき）

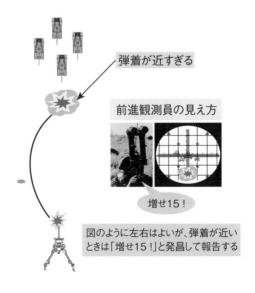

図6-25 修正射における、観測員の報告要領（弾着が近すぎるとき）

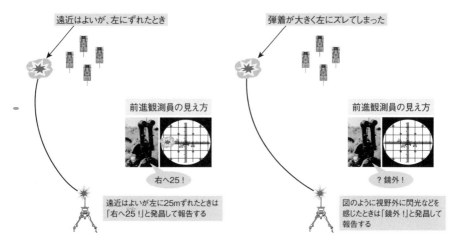

図6-26 修正射における、観測員の報告要領（弾着が左にズレたとき）

図6-27 修正射における、観測員の報告要領（弾着が視野外のとき）

　射撃している砲班員も、射撃指揮班（FDC）も、観測員の「鏡外！」という報告を受ければ、「今のは、だいぶ外れたな」と想像できるのだ。

6-10

砲兵の部隊戦術(効力射における各種の射撃要領)

　基本的にたいていの国では、砲兵の射撃は中隊単位で行われる。では、効力射における各種の射撃要領には、どのようなものがあるのだろうか。

　砲兵中隊の火砲装備数は、国により時代により異なるが、だいたい5〜9門と思っていただこう。

　砲兵中隊の基本的射撃テクニックとして、「斉射(せいしゃ)」がある(写真

写真6-36　富士総合火力演習における、同時弾着をともなう「斉射」での景況 (写真：あかぎ ひろゆき)

6-36)。これは砲兵中隊がもつ全火砲、すなわち5門なり9門なりを一斉射撃することだ。火砲の射撃を空中で弾着するか、地表面で弾着するかの信管作動域別に分類したとき、前者の射撃を「曳火射撃」、後者の射撃を「着発射撃」という。

　着発射撃は、主として掩蓋材で防護された敵陣地に対して行う射撃である。また、橋梁やコンクリート製構造物など、堅固な目標に対しても使用することが多い。通常は、砲弾が目標に命中した瞬間に起爆するよう、着発信管をセットして射撃する。もっとも、「命中した瞬間に」といっても、着発信管にはさまざまな種類がある。起爆タイミングにより

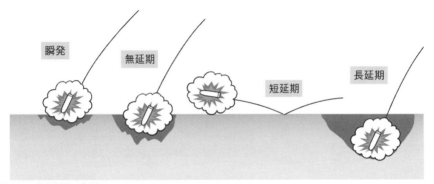

図6-28　着発信管の作用

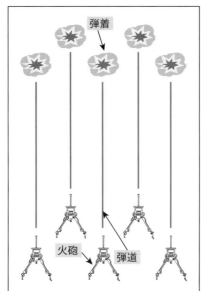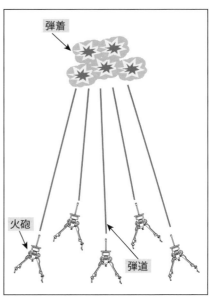

図6-29　並行射向束（左）と集中射向束（右）のイメージ

「瞬発」・「無延期」・「短延期」・「長延期」と、微妙に時間と作用が異なるのだ（**図6-28**）。

また、2門以上の火砲が射撃する際、その方向と射角の関係を射向束という。射向束には「並行射向束」と「集中射向束」があるが（**図6-29**）、斉射の際は、この射向束を形成して「同時弾着射撃（TOT = Time On Target）」を行うことが多い。同時弾着射撃は、定められた時間に空中または地表面に弾着させる射撃で、各火砲の発射タイミングが難しい。

富士総合火力演習では、曳火射撃で富士山の形状に同時弾着させる「TOT富士」が有名だ（**写真6-37**）。

TOT富士は、一般の見学者に見せるためのもので、実戦的ではないという人もいる。だが、あれは綿密に計算されたうえで行う、統制された戦術射撃だ。練度が低い国の砲兵でできることではない。

一見、実用的には見えない射撃

写真6-37　富士総合火力演習でお馴染みの「TOT富士」。曳火射撃を行い、同時弾着の閃光と煙により、空中に富士山を描く
（写真：陸上自衛隊）

でも、実戦に応用すれば効果が得られることもあるのだ。このように、曳火射撃では経過秒時のカウントダウンを行い、「弾着、今！」の発昌と同時に、空中で破裂した砲弾の閃光と煙が上がる。

曳火射撃は砲弾を空中で破裂させ、その**破片効果**により、主として**地上の人員を殺傷する**ものだ。曳火射撃で空中に生じた閃光と爆煙の下では、「鉄の暴風」が吹き荒れている。

写真6-38　照明弾は、榴弾砲でも発射できるし、より高射角で射撃できる迫撃砲を用いることも多い（写真：かのよしのり）

もしこのときに歩兵などが地上に暴露していたら、破裂高や弾片の大きさにもよるが、人体は一瞬で四肢や胴体が千切れて黒焦げとなり、即死してしまう。一方で、掩蓋材をかぶせて地下化された敵陣地に対しては、効果が少ない。

照明射撃は、主として夜間に「照明弾」または「IR照明弾」を使用して行う射撃である。ほかに、信号用としても使う。照明射撃は、砲身の仰角に制約がある榴弾砲よりも、高射角で射撃を行う迫撃砲が適している。照明弾は空中に向けて発射されると、所定の高度で落下傘が開き、吊り下げられた照明筒が500m上空で点火される仕組みだ。

点火後、**照明弾は1発あたり160万cd（カンデラ）もの光源となり、30秒から1分ほど燃焼**しながら、ゆらゆらと低速で落下する（**写真6-38**）。ちなみに、カンデラとはラテン語に由来する照度の単位で、160万cdはロウソク160万本に相当し、野球場の東京ドーム内と同じ明るさだ。

「**IR照明弾**」は、通常の照明弾と異なり、燃焼による**可視光線の代わりに、赤外線を放出する**ものである。パッシブ式暗視装置が普及した現代では、IR照明弾を併用して夜間戦闘を行うことも多い。これは、目標そのものだけでなく、周辺の地形地物も明瞭にわかるので、照準や射弾の観測が容易となるからだ。

発煙射撃は、発煙弾を使用して敵の戦術行動を妨害したり、逆に友軍の行動を秘匿したりするために、**煙幕で覆う（煙覆という）**射撃である（**写真6-39**）。

写真6-39　富士総合火力演習における、発煙射撃の展示。榴弾砲ではなく、84mm無反動砲2門による射撃だが、弾着直後の白煙がよくわかる（写真：あかぎひろゆき）

また、空地の友軍に射撃目標を示したり、航空機に対し空中投下点や着陸点を示したり、煙による信号にも使用される。
　さらに、敵の弾薬・燃料集積所に向けて撃ち込めば、焼夷効果を発揮することもできる。
　発煙弾には、発煙剤の放出方式により2種類があり、炸裂式はWP発煙弾、弾底放出式はHC発煙弾に用いられる。このうち前者は黄燐、後者は六塩化エタンが主成分だが、近年では黄燐に替えて赤燐を使用しつつある。ちなみに「WP」とはWhite（ホワイト）Phosphorus（フォスフォラス）の略語で、白燐を表す。黄燐は、純粋な白燐に不純物が混入しているものをいう。
　「対舟艇射撃」は、上陸を企図する敵の舟艇部隊に対して行う射撃である。島嶼防衛作戦においては、敵の上陸部隊を初期段階で撃破するのが望ましい。敵が海岸堡を確立し、作戦の主導権を掌握されると、奪回に苦労するからだ。
　敵上陸部隊を洋上でフネごとすべて撃沈できれば理想的だが、敵は我が防御網の間隙を縫って上陸しようとする。また、敵の揚陸艦などを全滅させるだけの対艦ミサイルがあればよいが、備蓄量は決して十分ではないだろう（写真6-40）。

写真6-40　「12式地対艦誘導弾」の実射風景。高価な対艦ミサイルは、どこの国でも数をそろえるのが容易ではない
（写真：防衛省）

　このため、砲兵部隊は榴弾砲やロケット弾発射機などの全火力により、敵の上陸用舟艇や水陸両用車などを射撃し、上陸の阻止に努めなくてはならない。このとき、撃破が困難で上陸を許したならば「制圧射撃」を行い、敵をその場に釘づけにする。制圧射撃は主として防御戦闘に用いられるが、敵に損害を与えることよりも、敵の戦術行動を妨害し、時間を稼ぐことを重視する。
　擾乱射撃は、英語でharassing fire＝ハラシング・ファイアと呼び、嫌がらせ射撃といえるものだ。敵兵が安心して仮眠すらできないように、敵の集結地や宿営地などへ散発的な射撃を行う。いわばファイア・ハラスメントであり、敵の士気を低下させる効果がある（図6-30）。
　攻撃準備射撃は、歩兵や戦車などの友軍部隊が攻撃前進する前に、あらかじめ敵戦力を減殺し、弱体化させるための射撃である。この際、敵の歩兵部隊や戦車部隊よりも、

砲兵の部隊戦術（効力射における各種の射撃要領）

擾乱射撃

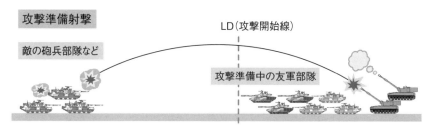

図6-30　擾乱射撃のイメージ

攻撃準備射撃

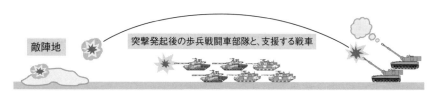

図6-31　攻撃準備射撃のイメージ

突撃支援射撃

図6-32　突撃支援射撃のイメージ

主として敵の砲兵部隊を集中的に射撃し、敵が砲兵火力を発揮できないようにする。これが対砲兵戦の主眼であり、爾後の作戦を左右するといってよい（**図6-31**）。

　突撃支援射撃は、歩兵や戦車など、**友軍部隊が攻撃前進を行う際、敵陣地などに突撃するときに、これを支援するための射撃**だ。敵の防御陣地は工事の程度にもよるが、掩体構築をして地下化され、さらに掩蓋材をかぶせて防護されている。このため、曳火射撃により敵の頭上で砲弾が炸裂しても、効果が不十分な場合も多い。そのような場合は、砲弾の信管を着発信管モードに設定をして、直撃弾により敵陣地を破壊するように努めなくてはならない（**図6-32**）。

　超過射撃とは、主として攻撃前進中の友軍部隊を支援するために、**砲弾が友軍の頭上を越えるように行う射撃**を指す。攻撃前進中の友軍部隊は、敵の陣前で突撃発起に移行

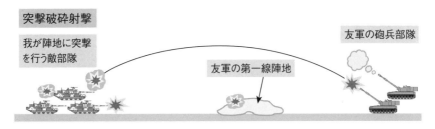

図6-33 突撃破砕射撃のイメージ(その1)

するが、この際に我が砲兵も**突撃支援射撃を行う。突撃支援射撃**では、「友軍緊迫可能距離」が設定される。友軍が敵陣地へ接近しすぎたときに、突撃支援射撃を行う味方の砲弾にやられないようにするためだ。

友軍緊迫可能距離は、攻撃前進中の友軍部隊が装甲人員輸送車(APC)などに乗車したまま突撃するときと、下車戦闘により突撃するときで、距離が異なってくる。そのため、砲兵部隊の指揮官は、攻撃を行う友軍部隊と、事前に突撃支援射撃時における緊迫可能距離について、相互に確認・調整を行わなくてはならない。

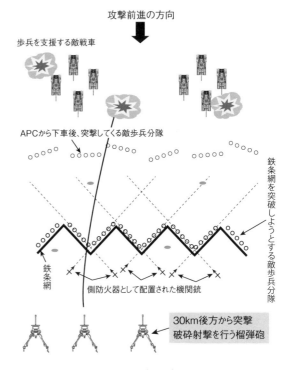

図6-34 突撃破砕射撃のイメージ(その2)

突撃破砕射撃は、防御戦闘における我の陣地などに対する、**敵の突撃を破砕するための射撃**である。戦車部隊に支援された敵の歩兵部隊は、APCに乗車したまま、または下車して歩兵分隊ごとに我が陣地へ突撃してくる。

そして敵歩兵は、**我が陣地前面の鉄条網を突破しようとする。鉄条網は、敵に対して一直線に設けずに、図のようなジグザグ形状に配置し、機関銃の射線が交差するように**

砲兵の部隊戦術（効力射における各種の射撃要領）

してある。だが、それでも敵の兵力が大きいときは、突破されてしまう。そこで、我は側防火器として配置された機関銃だけでなく、数km後方から撃つ迫撃砲、さらに後方の榴弾砲など、全火力をもって敵の突撃を破砕するのだ（図6-33、図6-34）。

計画射撃とは、事前に設定した地点やエリアに敵がきたときに射撃を行うものである。

机上のプランとして射撃計画を起案する段階から、あらかじめ敵の主要接近経路上に「火力集中点」や「撃破区域」を設けておく。

敵を火力集中点（KP）や撃破区域（KZ）へ誘引することにより、敵部隊の制圧・撃破を狙う。ちなみに火力集中点のKPとは、「Kill Point」の略であり、KZは「Kill Zone」の略だ。

交差点などで敵部隊の車両が渋滞している所や、敵の集結地などに蝟集している歩兵などを狙い、**観測所などの情報により最適なタイミングで「発動（後述）」**させる。

通常、現代の各国軍は陸戦において「諸兵科連合部隊」を編成する。砲兵科は、戦闘に際して自由勝手に射撃せず、歩兵などの支援部隊と事前に火力調整を行ったうえで射撃を行う。

なぜなら、射撃目標の優先順位だとか、砲側弾薬の配当など、さまざまな制約があるためだ。

そこで、一般的には歩兵などの支援部隊と、砲兵が相互にすり合わせを行う場が必要になる。これが「**火力調整所または火力調整センター**」と呼ぶ組織だ。

特に砲兵が行う計画射撃に際しては、ここに歩兵などの支援部隊や砲兵部隊、海空軍の火力調整係将校が集合し、**綿密に調整したうえで射撃を行う**（写真6-41）。

火力集中点や撃破区域は、敵部隊が一時的に存在する場所、つまり集結地や展開地にも設定する。通常は、複数の火力集中点や撃破区域を設け、「KP‐1」「KP‐2」「KP‐3」

写真6-41　火力調整会議のイメージ
（写真：陸上自衛隊）

161

……というように番号で示す。

　計画射撃にあたっては、敵が火力集中点や撃破区域に来てくれないと、当然だが射撃ができない。そこで、地形などの自然障害や、地雷原や対戦車障害物などの人工障害を構築するとともに、戦車部隊や歩兵部隊などが敵を誘引する。敵が迂回しようとしたら、機先を制して迂回路を遮断する。つまり、**敵が否応にも火力集中点や撃破区域を通過するよう、各種の手段をもって誘いだす**のだ。

　こうして、計画射撃が実施されるのだが、その際の指揮官による射撃号令は、「撃て」ではなく「発動」という（**写真6-42**）。

写真6-42　曳火射撃による「弾幕発動」のイメージ（写真：あかぎ ひろゆき）

射撃号令の一例：「KP‐1、発動」または「KZ‐1、発動」あるいは「弾幕、発動」

6-11

砲兵の部隊戦術
(FDCの射撃指揮)

　末端の砲兵中隊には、**指揮中枢として中隊本部**がある。国により時代により多少異なるが、ここには指揮官である**中隊長以下10名前後の**スタッフがいて、指揮幕僚活動が行われる。

　天幕の中や塹壕内でも事務仕事は多いものだ。戦場の砲兵部隊にも、各中隊に指揮所（CPと呼ぶ）という名の事務室があり、中隊本部のスタッフが働く（**写真6-43**）。さらに、砲兵部隊には射撃指揮を専門に行う指揮所がある。これを「FDC (Fire Direction Center) =射撃指揮所」と呼ぶ。

　一般的に現代のFDCは、攻撃前進時と防御戦闘時では、設置場所が異なるケースが大半だ。攻撃前進に際しては、装甲防護された車内に設けられることが多い。火力支援を行う歩兵部隊や戦車部隊の友軍は、攻撃の進展にともない前進するから、砲兵部隊も20kmなり30km後方から展開地変換をして、友軍部隊に追従しなくてはならないからだ。

　陸上自衛隊では、82式指揮通信車や96式装輪装甲車がCPやFDCに使われる（**写真6-44**）。諸外国軍も同様で、APCの車内にCPやFDCを設ける。こうすれば、昼夜間の陣地配備変更や、撤収して展開地変換するときも迅速に移動できる。

写真6-43　「指揮所（CP）」内において、指揮・幕僚活動が行われている様子（写真：陸上自衛隊）

写真6-44　陸自の82式指揮通信車。車内にCPやFDCを開設する（写真：陸上自衛隊）

163

逆に防御戦闘では、地下化されて掩蓋材をかぶせた陣地にCPやFDCを設ける。この際、天幕内に開設せずに、装甲車両を陣地の掩体内に乗り入れて、そこにCPやFDCを設けることが多い。後退のためにいざ撤収となっても、迅速に移動できるからだ。

さて、FDCの一般的な編成だが、自衛隊も米軍も、たいていの国では「射撃指揮班長（FDC長）」以下数名のスタッフからなる（図6-35）。

FDC長の階級は、国により時代により異なるが、中尉や大尉（陸自では、2尉か1尉）クラスの将校だ。部下のFDC勤務員に所要の指示を与え、円滑な射撃指揮を行う。

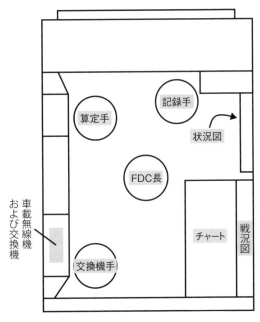

図6-35　1960年代の米軍FDC。M113APCの車内に設けたFDCの配置図（図版：米陸軍野外教範）

同時に、中隊長が「射撃の決心」をするための判断材料を提示する。たとえば、歩兵部隊などから火力支援の要求があった際、今ここで射撃すれば射撃陣地の位置を暴露してしまうとか、友軍部隊の企図がバレてしまう、というときに射撃を行うか否かの決心だ。

残余のスタッフはほぼ全員が下士官で、射撃指揮に必要なデータの処理など、実務を担当するとともに、FDC長の補佐を行う。

射撃図を作成し、常に最新の情報に更新する「射撃図係下士官（陸自では、射撃図陸曹という）」のほか、射撃指揮装置の弾道計算結果を処理する「算定係下士官（算定陸曹）」および「算定手」、中隊長の号令・指示などを無線で復唱し、射撃指揮装置と戦術ネットワーク通信の連接を確立する「無線交換機係下士官（交換機陸曹）」などのスタッフがいる（写真6-45）。

次は、FDCにおける実務だ。21世紀の現代でも、自衛隊や諸外国軍ではディスプレイ表示の電子地図だけでなく、紙の地図（軍用地形図）や各種の記録用紙なども併用している。ディスプレイが故障したり、電子妨害で表示不能になったら、アナログな手段を使うしかないからだ。そのため、通常は地図に透明なビニールをかぶせて（オーバーレイという）、その上からグリースペンシルやホワイトボード用マーカーを使い、軍隊符号（自衛

隊では、部隊符号と呼ぶ）や略号・数値などを記入していく。

この際FDCでは、**方眼紙に射撃情報などを記載した「射撃図」を作成**する。射撃図の作成担当は、前述のとおりたいていの国では下士官だ。作成した射撃図上には「**目標ピン**」と呼ぶ、裁縫で使う待ち針のようなものを刺して、弾着点を表示する。

このピンで、観測手から弾着修

写真6-45　FDC勤務の交換機陸曹。無線通信により、射撃要求の内容をFDC長に伝えたり、号令を復唱したりする
（写真：陸上自衛隊）

正の報告を受ける都度、弾着点表示を増していく。弾着点の表示に待ち針を使うのは、ピンポイントでの表示に最適であり、パッと見て理解しやすい。弾着点のほかにも測量時の基準点など、地図上でのさまざまなプロッティングに使用できるので便利だ。

ちなみに、**基準砲や観測点などの位置は「砲列ピン」**で表示するが、混同を避けるために、頭部分の色が異なるピンを何種類か用意しておく。また、射撃図の作成だけでなく、各種の用紙に記録するとき、**座標定規や半円分度器などのアナログな**機材も必要である。これらは、国により多少形状などが異なるが、市販品の文具とほぼ同等だ（**図6-36**）。21世紀の現代でも、コンピュータだけに頼っていられない。このような機材を使い、FDC勤務を行うのである。

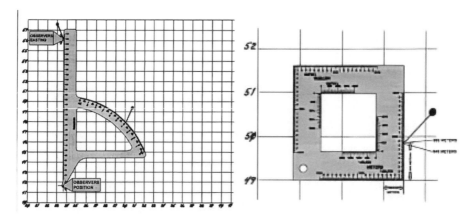

図6-36　右図は、米軍が使用している「座標定規兼分度器」。地図上の距離や方位角を測定するための、基本アイテムだ。左図は、米軍の「座標定規兼分度器」の長尺型。陸自では、これと似た形状の類似品を使う
（図版：米陸軍野戦教範）

中国軍VS台湾軍 両軍の火砲と砲兵

　2022年のロシアによるウクライナ侵攻以来、2年以上にわたり両国の戦闘は続いている。本校執筆中の2024年現在では、南北朝鮮こそ現状維持のままだが、中東ではイスラエルがイスラム武装組織のハマスと交戦中だ。そして、2025〜2027年ごろには、中国による台湾への武力侵攻が囁かれている。なにやら第三次世界大戦前夜と形容できそうな国際情勢となってきた。

　もし、中国が台湾に揚陸作戦を行い、いわゆる「台湾有事」が発生したら、両国の砲兵はどのように戦うのだろうか。両軍の火砲および砲兵について、以下に考察してみよう。

　中国は、台湾を自国の一部（台湾省）と主張し、台湾を武力で「解放」することも辞さない、としている。もちろん、中国も戦わずして勝つのが最良と考えているが、経済浸透作戦や謀略・情報作戦だけで台湾を屈服させることができる、とも思っていない。

　中国の軍事戦略は、「A2/AD（接近阻止／領域拒否）」というものである。昔の日本軍が設定した「絶対国防圏」のように、「第1列島線」および「第2列島線」と呼ぶ2つの海上防衛ラインを設定し、米国などの仮想敵国の侵攻を防ぐ（COLUMN図2-1）。つまり、中国の支配下にあると考えている海域に「接近」することを「拒否」し、海域に侵入させない（領域拒否）ことである。

　もっとも、米国も中国との戦争は望んでいないから、中国本土への直接侵攻はあり得ない。だが、台湾有事となると話は別である。米国は、ギリギリまで中国との交戦は避けながら、中国の海上封鎖を妨害したり、機雷掃海をしたり、開戦後も台湾へ武器・弾薬を海上輸送したりするだろう。

　そして中国の軍事力は、もはや質的にも台湾を凌しているしかし、中国

COLUMN図2-1　第1列島線および第2列島線を示した、東アジアの地図

中国軍VS台湾軍 両軍の火砲と砲兵

海軍に台湾海峡を渡洋侵攻する揚陸艦艇が足りなくても、「今がチャンス」と判断すれば、台湾有事は起きるのだ。商船ばかりか海上民兵の漁船までも動員して、ピストン輸送で飽和上陸するのである。「ミリタリーバランス」2023年版によれば、中国人民解放軍の砲兵戦力は以下のとおりだ。

まず122mmおよび152mm、

COLUMN2-1　中国のNORINCO（中国北方工業公司）が開発した、88式155mm自走榴弾砲（PLZ-45）

155mm自走榴弾砲（**COLUMN2-1**）が合計3,180両にも達し、122mmおよび152mm、155mm榴弾砲（牽引式）が900門である。

一方、自走ロケット弾発射機および牽引式ロケット弾発射機各種は1,320両と、ウクライナ・ロシア戦争開戦前のロシア連邦軍に匹敵する多さだ。特に、自走榴弾砲は近代的で、欧米や日本と遜色ない性能をもつといわれている。また、各種の砲兵支援機材を搭載した車両もひととおりそろえている（**COLUMN2-2**）。

COLUMN2-2　左上は中国人民解放軍の「05式155mm自走榴弾砲」。右上は同「「07式122mm自走榴弾砲」、左下は同・トラック型155mm自走榴弾砲「PCL-181」、右下は同・トラック型122mm自走榴弾砲「PCL-161」（出典：Wikipedia）

これに対し、台湾陸軍(中華民国陸軍)は、155mm自走榴弾砲が225両、203mm自走榴弾砲を70両保有している。牽引式火砲は各種合計で1,060門、自走ロケット弾発射機は223両でしかない(COLUMN2-3)。

中国軍の数分の1〜10の1という装備数だが、中国人民解放軍は陸軍だけでも98万人だ。台湾陸軍は、陸上自衛隊の15.8万人より

COLUMN2-3　台湾の金門島に配備されている、「240mm榴弾砲M1」。後方にあるトンネル状のコンクリート製覆土式掩体には、レールで引き込んで隠掩蔽が可能だ(写真：台湾国防部)

も少ない10万人で、火砲の装備数は陸軍の兵員数におおむね比例している。

もっとも、中国軍が火砲を3千も4千も保有しているとはいえ、そのすべてを台湾侵攻に投入することはない。広大な大陸の国土をロシアとインドからも防衛する必要があるから、揚陸するのは多くてせいぜい数百門であろう。

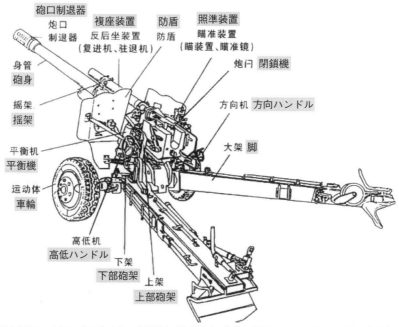

COLUMN図2-2　中国の「83式122mm榴弾砲」。旧式だが、多数を保有している。図は、一般の人民向け教範に掲載されているもの。軍事訓練が中国の大学生に義務づけられている

中国軍VS台湾軍 両軍の火砲と砲兵

COLUMN2-4　中国の155mm榴弾砲「PLL-01」(写真左)。牽引式だが、写真のように砲の前部へAPU(補助動力車)を接続し、陣地変換など小移動ができる。写真右は、PLL-01榴弾砲用155mm砲弾(ロケット推進で射程を延伸するRAP弾)の構造図

　中国軍は、旧式な「83式122mm榴弾砲」など牽引式榴弾砲もまだまだ多いが(**COLUMN図2-2**)、「155mm榴弾砲PLL-01」などの近代的な榴弾砲も多数もつ(**COLUMN2-4**)。中国が台湾を武力侵攻するならば、こうした近代的な牽引式榴弾砲や自走砲を惜しげもなく投入するだろう。

　このように、質・量とも中国軍の砲兵部隊がもつ火砲に圧倒されている台湾軍だが、どのように戦うのか。台湾は、火砲を近代化するため、米国の「155mm自走榴弾砲M109A6」を40両調達するつもりであった。

　既存のM109A2を197両、M109A5を28両保有するのに加え、入手可能な最新型のM109A6を40両調達すれば、いくらかでも砲兵戦力は向上する(**COLUMN2-5**)。

　ところが、米国がウクライナ・ロシア戦争におけるウクライナ軍支援を優先するため、台湾向け

COLUMN2-5　写真は最新型の「155mm自走榴弾砲M109A7」で、M109A6を改修したものだ。台湾は、M109A6すら調達できなかった(写真：BAE SYSTEMS)

COLUMN2-6　米国が開発した「HIMARS(ハイマーズ)」は、トラック型の多連装ロケット弾発射機だ(出典：Wikipedia)

第6章

169

M109A6の生産が遅延してしまう。

そこで台湾は、すぐにでも入手できる代替品として、「M142高機動ロケット弾自走発射機（いわゆる、HIMARS）」を既存の11両に加え18両を追加調達することに決定した（COLUMN2-6）。

COLUMN2-7　台湾版HIMARSと俗称される、中華民国陸軍の多連装ロケット弾発射機「雷霆2000」（出典：Wikipedia）

台湾軍にも「雷霆2000」と呼ぶHIMARSの類似品はあるのだが（COLUMN2-7）、本家ほど高性能なロケット弾や、ATACMSのようなミサイルがないのだ。

このため、台湾軍は砲兵戦力の大部分を占める旧式火砲と、ごく少数の新型火砲を駆使して戦う（COLUMN2-8）。もし、中国軍が台湾に侵攻して上陸作戦を行うとしたら、揚陸部隊が水際で撃破されないように、徹底した航空撃滅戦を行うだろう。

航空撃滅戦とは、敵の戦闘機などの航空戦力を、航空攻撃で先制的に破壊することだ。中東戦争でのイスラエルがそうであったように、開戦直後の航空撃滅戦に勝利すれば、その後の戦闘が侵攻側にかなり有利となる。台湾軍はこれを阻止するため、空軍が常時警戒監視しているが、隙をついて奇襲される恐れもある。また、揚陸艦艇を空地から対艦ミサイルで攻撃するが、すべてを撃沈できないだろう。

中国軍の揚陸を許した台湾軍は、かなり劣勢ではあるが、持久作戦にこそ勝機はある。大げさな表現ではなく、台湾全土は要塞化されているに等しい。火砲や対空・対艦ミサイルのコンクリート製バンカー、すなわち隠掩蔽された防御陣地が無数にある。生き残った戦闘機が高速道路から離陸し、火砲・対空ミサイルなどが射撃を行う。米軍が戦闘に介入するまでの間、中国軍に対して執拗に攻撃を行い、出血を強要するのだ。

COLUMN2-8　左は、105mm榴弾砲M101A1を台湾で国産化した「63甲式105mm榴弾砲」。2012年の軍事再編センターにおける一般開放でのショット（出典：Wikipedia）。中央は、2011年の成功嶺駐屯地一般開放にて展示された、中華民国陸軍の「155mm榴弾砲T65」（出典：Wikipedia）。右は、2011年の台湾空軍清泉崗基地で公開された「155mm榴弾砲T-65」の砲尾（出典：Wikipedia）。台湾軍砲兵戦力の大部分を、こうした旧式が占めている

韓国軍VS朝鮮人民軍　両軍の火砲と砲兵

韓国軍VS朝鮮人民軍
両軍の火砲と砲兵

　1953年の朝鮮戦争停戦以来、現在もなお38度線で対峙している韓国軍と朝鮮人民軍。朝鮮戦争は休戦状態にあるとはいえ、北朝鮮が暴走して南侵しないとは限らない。では、両軍が装備している火砲と砲兵は、どのようなものだろうか。

　まずは韓国軍の火砲だが、自走榴弾砲には国産の「155mm自走榴弾砲K9」と、米国製の155mm自走榴弾砲M109を国産化した「K55」がある（**COLUMN3-1**）。

　K9は韓国軍向けに1,300両が調達されたほか、ポーランドやウクライナなど数ヵ国に購入または供与されている。特にポーランドは672両もの「爆買い」をしたことで有名だ。

　そこそこ安価で、そこそこ高性

COLUMN3-1　韓国が1,040両ライセンス生産した、米国の「155mm自走榴弾砲M109A2」。韓国での呼称は「K55」である（写真：韓国陸軍）

COLUMN3-2　2010年の「延坪島砲撃事件」で、朝鮮人民軍の射撃に動揺しつつも、その後は果敢に反撃した韓国軍K-9自走榴弾砲（写真：韓国国防部）

能、すぐ入手可能な新造の自走榴弾砲としては、韓国のK9が唯一の存在といってよい。ドイツの「155mm自走榴弾砲PzH2000」や日本の「99式自走155mm榴弾砲」は高性能だが、その分高価でもある。しかも、戦後の日本はフィリピンにレーダーが売れただけで、殺傷能力をもつ武器輸出の実績がゼロである。

　また、2010年の延坪島（ヨンピョンド）事件で北朝鮮が行った挑発射撃に対し反撃するなど、実戦経験（バトルプルーフ）も評価されたのだろう（**COLUMN3-2**）。

　だからこそ、世界の軍事市場において、合計1,000両ものK9がわずか数年間で売れた

のだ。となれば、ポーランドにとって韓国のK9は「お買い得品」だったに相違ない。

韓国軍が装備する牽引式の榴弾砲としては、陸自のFH70とほぼ同等の「155mm榴弾砲KH179」を860門保有している（**COLUMN3-3**）。

そして、自走ロケット弾発射機は米国製の「M270 MLRS（愛称は、黒龍）」と、国産の「K239」をもつ。ところで韓国軍は、国産の武器・兵器に不具合も多く、事故なども起きている。このため「お笑い韓国軍」と揶揄する人もいるが、失敗の経験を蓄積して成長しつつあるから、馬鹿にするべきではない。

韓国軍は、延坪島事件で北朝鮮から射撃を受けたとき、当初こそ動揺したが、その後K9自走砲は4両中1両が損傷しつつも、果敢に反撃した。

では、朝鮮人民軍はどのような火砲やロケット弾発射機をもち、砲兵の練度はどの程度なのか。有力で代表的な火砲としては、「122mm自走加農砲M1991」や、主体砲の別名をもつ「170mm自走加農砲M1989」、「152mm自走榴弾砲M1974」などがある（**COLUMN 3-4**）。

また自走ロケット弾発射機に

COLUMN3-3　韓国軍の「155mm榴弾砲KH179」
（写真：韓国陸軍）

COLUMN3-4　2013年の軍事パレードにおける、朝鮮人民軍の「155mm自走榴弾砲M1974」。車体は「トクチョン」と呼ぶ国産の装甲車両がベースだ（出典：Wikipedia）

COLUMN3-5　軍事パレードにおける、朝鮮人民軍の「多連装ロケット弾自走発射機KN-09」。8連装の300mmロケット弾を装備、ロケット弾でありながら、GPS誘導＋画像誘導方式を採用しているという（出典：Wikipedia）

は、旧ソ連製の「122mm自走ロケット弾発射機BM-21」や「300mm自走ロケット弾発射機KN-09」、「240mm自走ロケット弾発射機KN-15」など多数ある（**COLUMN3-5**）。

　北朝鮮ではロケット弾発射機を「放射砲」なる独自の名称で呼び、加農砲や榴弾砲よりも重視しているようだ。なかでも、600mm自走ロケット弾発射機を「超大型放射砲」と称して実射訓練の模様を公開した。朝鮮中央通信によると、この訓練では、375km先の無人島を目標に発射したという。射程からすれば、長射程で超大型のロケット弾というよりも、短距離弾道ミサイルに匹敵するだろう。

　そして、朝鮮人民軍の多連装ロケット旅団は、122mm多連装ロケット弾自走発射機18両を装備した大隊を2個、240mm多連装ロケット弾自走発射機18両を装備した大隊を1個、隷下部隊としてもつ。

　このうち、延坪島の作戦には、朝鮮人民軍第4軍団所属の122mm多連装ロケット大隊が投入されたと見られている（**COLUMN図3-1**）。

　だが、発射した122mmロケット弾170発のうち、半数以上の90発が目標のK9自走砲射撃陣地を外れ、市街地および海上に落下したという。ロケット弾は風の影響を受けるので、命中精度は決して高くない。朝鮮人民軍が発射したロケット弾は、軍の訓練場から東へ大きくズレて、市街地と海上に弾着してしまったのだ。だが、その事実だけをもって朝鮮人民軍の砲兵が練度不足である、とは断言できないだろう。

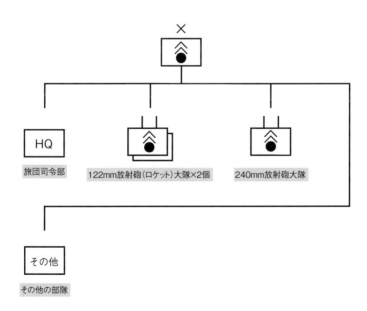

COLUMN図3-1　朝鮮人民軍第4軍団砲兵旅団の編成（推定）

このように、砲兵の練度は不明だが、北朝鮮が採用している戦闘教義は判明している。まず、全保有火砲5,500門のうち、約700門をソウルなどに指向するようだ。

韓国の首都ソウルが38度線に近いことから、長射程の大口径加農砲とロケット弾発射機を多数用いて、開戦劈頭に斉射するといわれている。

そこで韓国は、イスラエル軍が装備している「アイアンドーム（後述）」に類似した防空システムを研究中だ。もし、朝鮮人民軍が加農砲とロケット弾発射機を使って侵攻してきたら、それを用いて迎撃するのだろう。2023年10月、イスラエルのアイアンドームは、ハマスの奇襲的飽和攻撃に対処しきれず、損害がでてしまった。北朝鮮も同様に、ふたたび開戦となれば飽和攻撃を行うと思われる。それでも防御側にしてみれば、頼りになるシステムなのだ。

第7章
砲兵部隊の兵站と教育訓練

　火砲のスペックや形式の識別については、モデラーなど読者諸氏もくわしいだろう。しかし、砲兵の兵站や教育訓練については、あまり知られていない。本章では、砲兵の兵站と教育訓練について解説する。

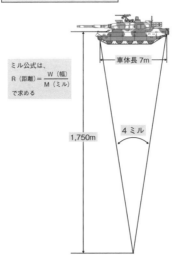

「ミル公式による距離の判定」の一例。火砲陣地の測量などでは、こうしたミル公式を使うことも多いだろう。レーザー距離計などに頼らない、アナログな手段も重要だ。そのためには教育訓練が欠かせないといえる。

7-1 砲兵の兵站と教育訓練

　兵站とは、「軍隊が作戦行動を行うために必要ないっさいのこと」である。また、教育訓練は、軍隊組織の練度を維持向上するのに不可欠な要素だ。したがって、ある国の軍隊が精強かどうかは、兵站と教育訓練の充実度を見れば、だいたい想像がつく。

　砲兵部隊が練度を維持し精強であり続けるためには、充実した兵站と教育訓練が欠かせない。そうでなくては、実戦で高い代償を支払う羽目になることは、現代のロシア連邦軍がウクライナ-ロシア戦争で証明したとおりだ。では、各国の砲兵部隊はどのような兵站組織の支援を受け、どのような訓練をしているのだろうか。

　まず、兵站についてだが、**軍隊組織は衣食住を自前でまかなうことができる**。これを、**軍隊の自己完結性**という。たとえば、陸海空の自衛隊は、大規模災害のときに災害派遣で被災地へ行く。この際、衣食住に関わる品々を現地調達することは、不可能に近い。だが、陸海空の自衛隊には自己完結性があるので、インフラが破壊された被災地でも、衣食住のすべてを自前でまかない、行動することができるのだ。

　たとえば「衣」に関しては、戦場や被災地にもっていく戦闘服などの衣類は、国から貸与された官給品（自衛隊では、官品すなわちカンピンと呼ぶ）だけでは不足するので、私物品をもっていく。では、それが汚れたらどうするのか？だが、心配は無用だ。陸上自衛隊の場合、「野外洗濯セット」という機材がある。コインランドリーの縦型ドラム式洗濯機を搭載したトレーラーがあり、トラックで牽引するのだが、これで洗濯ができるのだ。

　次は「食」に関してだが、駐屯地にいれば隊員食堂で温かい食事（温食と呼ぶ）が提供される（**写真7-1**）。最前線では、**戦闘糧食**と呼ぶレトルトやインスタント食品を喫食せざるを得ないが、使い捨てカイロと同じ原理で発熱する「レーション・ヒーター」があり、各国軍とも温かいメシを摂ることができる（**写真7-2**）。しかも、21世紀の

写真7-1　陸自の隊員食堂における、メニューの一例
（写真：かのよしのり）

現代ではレトルト食品やインスタント食品の技術が発達し、味の面でもまずくはない。だが、そうはいっても毎日レトルトの戦闘糧食では、すぐに飽きてしまうだろう。

そこで、最前線では無理だが、後方にある「段列」というエリアでは、**野外炊事車で調理された温かい食事を摂ることが可能だ（写真7-3）**。最前線の部隊では手が離せないものを除き、交代で段列エリアへ行き、そこで駐屯地の食堂と変わらないレベルの食事をする。これだけでも気分転換となり、士気も維持向上できるのだ。

そして「住」だが、最前線では塹壕や車両などの中で、毛布やポンチョに包まって仮眠するしかない。だが、**戦場の後方に所在する部隊や段列エリアであれば、天幕すなわちテントの中で、折り畳みベッドの寝袋で仮眠できる（写真7-4）**。

このように、昔から「住めば都」とはいうものの、戦場でも可能なかぎり快適な環境であるに越したことはない。21世紀の現代では、段列エリアにプレハブ式の建物を建設し、エアコンまで設置してあるから驚きだ。激烈な戦闘を行っている最前線の兵士たちにしてみれば、そうした環境はまさに天国に等しいだろう。

砲兵の兵站と教育訓練

写真7-2　「戦闘糧食Ⅱ型」の例。このメニューは、「かも肉じゃが」である（写真：あかぎひろゆき）

写真7-3　戦場の後方にいる部隊や段列エリアでは、野外炊事車で調理された温食を摂ることができる（写真：陸上自衛隊）

写真7-4　陸上自衛隊の「宿営用天幕」。上が3シーズン用で、下は冬季用（写真：陸上自衛隊）

さて、次は補給・整備である。砲兵部隊の補給物品には、前述した糧食のほかに燃料油脂、火器・車両その他の機材に使う部品などの消耗品がある。弾薬類の補給に関しては7-3項で後述するが、これらの消耗品はたいていの国で補給処から補給する。

補給の形態には、「請求補給」および「推進補給」がある。請求補給は、末端の砲兵中隊など部隊側か

写真7-5　「関東補給処火器車両部」において、部品発送準備中の女性防衛技官（写真：陸上自衛隊）

ら兵站支援部隊や補給処に対し、「○○が△△だけ必要だから、送ってくれ」と必要数を請求する方式だ。

これに対し「推進補給」は、部隊の都合に関わらず、あらかじめ補給計画で示された数量だけを、兵站支援部隊や補給処が末端部隊に送ってやる方式である（**写真7-5**）。

どちらの方式も、過去の補給実績にもとづいて行われるのだが、この際に必要数の見積もりが甘いと、ウクライナで戦っているロシア軍のようになってしまう。つまり、不要な補給物品が山ほど送られてきて、逆に必要なものが届かない事態となる。戦場では錯誤によるミスがつきものだが、ロシアは現場も本国も混乱の極みにあるのだろう。

そして、**補給と並んで重要なのが整備**だ。整備がいい加減だと、火砲も戦車も戦闘機も、そして艦艇も可動率が低下して戦えない。冷戦時代のことだが、各国軍の主要装備の可動率を評して「日本の自衛隊が90％、米軍が80％、NATO軍が70％、ソ連軍が60％、中国軍と北朝鮮軍が50％」といわれていたが、あながち間違いではなかっただろう。

現代でこそ、自衛隊も「共食い整備」をするほど可動率が低下してしまったが、当時はすごかった。筆者は、補給処や補給統制本部で、航空機の品質管理にも携わった。兵站組織も現場の部隊も両方を経験している。現役時代、陸自の航空科で連絡偵察機LR-1と観測ヘリコプターOH-6の整備をしていた筆者がそう断言するのだから、本当の話だ。

このように整備も非常に重要で、陸上自衛隊の火砲と機材を例にすれば、**整備専門部隊のほかに補給処や製造会社でも整備が行われている**（**写真7-6、7-7**）。本校執筆中もなお、激烈な戦闘が続くウクライナ・ロシア戦争だが、もともと兵站能力が決して高くないロシア連邦軍は、相当苦労しているという。一方のウクライナ軍も、各国から武器・兵器を供与されたはいいが、種類が多すぎて兵站上の管理が大変だそうだ。

最後は教育訓練である。**教育訓練には座学のほか、実火砲を使う訓練と、機械式ト

レーナーやシミュレータなどの機材を使用する訓練がある。実火砲を使う訓練は、実弾射撃および空包射撃、射撃をともなわない「空動作(どうさ)」による操砲訓練がある。しかし、実火砲を使う訓練はリアリティこそあるが、訓練コストはもっとも高い。機材を使用する訓練は、コストは抑制されるが、実火砲よりもリアリティの面では劣る。

では、座学はどうだろう？　実技訓練よりもさらに低コストであり、テキストすら使わない「マッチ箱訓練」という簡素な訓練もある（図7-1）。マッチ箱訓練は、喫煙人口が多かった第一次世界大戦のころから存在する訓練だ。訓練には、マッチ箱のような小さな物体のほか、鉛筆と、双眼鏡の照準目盛（レティクル）が描かれた紙だけあればよい。

この訓練は最低2名いれば可能で、砲側役と観測者役に分かれ、机を挟んで向かいあって座る。机上には目標を模したマッチ箱を置き、マッチ箱の手前にレティクル用紙を置く。砲側役が「今、発射せり」などと発昌して、射撃の合図を観測者役に伝える。数秒後、「弾着、今」と発昌して鉛筆の先端で弾着位置を示す。

観測者役は、弾着が目標（マッチ箱）からどの程度近いか、または

写真7-6　車軸およびブレーキ部分を整備中のFH70
（写真：陸上自衛隊）

写真7-7　補給処でM65砲隊鏡の点検・検査を実施中の女性自衛官（写真：自衛隊宮城地方協力本部）

図7-1　米軍のマッチ箱を使用した砲兵訓練。イメージトレーニング用で、もっとも簡単かつコストのかからない訓練だ
（図版：米軍野戦教範より）

遠いかをレティクル用紙に記入し、弾着の修正量を砲側役に示す。これを繰り返し、目標に正しく弾着を導いたなら、砲側役は観測者役の弾着修正を批評して終了する。以後、役を交代して訓練を続けるのだ。

またほかに、砲側・観測者・射撃指揮所の連携を訓練する「三者連携訓練」もある。三者連携訓練は、もう1名FDC役の者が増えて、3名で訓練を行う。目標ピンや射

写真7-8　米国が第二次世界大戦中に考案した砲兵訓練機材「M3トレーナー」のミニチュア火砲。火薬ではなく圧縮空気で1インチの鋼球を発射する（図版：米軍野戦教範より）

撃図など道具が増えるほかは、2名で行うマッチ箱訓練と同じだと思えばよい。簡素だが、イメージトレーニングには最適だろう。こうした訓練に使用する機材などには、教範などのテキスト本や電子書籍、各種の教材以外にも、**機械式トレーナー**や電子式シミュレータなどがある。

次に**機械式トレーナー**だが、代表的なものに米国が開発した「M3トレーナー」および「M31トレーナー」がある。これは、開発国の米国以外でも、陸上自衛隊ほか各国軍でも使用されているものだ。

M3トレーナーは、第二次世界大戦時に米国が開発した、砲兵訓練機材である。訓練には、圧縮空気で直径1インチ（2.54cm）の鋼球を発射する「ミニチュアの模擬火砲」を使う（**写真7-8**）。実物の火砲で実弾射撃をするよりも、はるかに低コストで訓練が可能だ。

このミニチュア砲にはパノラマ眼鏡が搭載されており、4門で1個訓練中隊を編成する。訓練にあたっては、実物の1/100スケールで射場構成を行う。この際、あらかじめ演習場などに敵の火砲や車両、建物を模した模型を配置しておく（**図7-2**）。なお、M3トレーナーは射撃だけでなく、弾着観測の訓練もできる。

一方、M31トレーナーは、実物の火砲ではなく、口径14.5mmのボルトアクション式単発銃を用いる訓練機材だ（**図7-3**）。

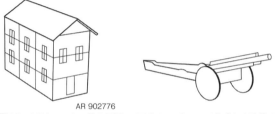

図7-2　M3トレーナー用の目標。100分の1スケールで作成した建物の模型以外に、火砲や戦車などの模型もあらかじめ用意する
（図版：米軍野戦教範より）

狭窄弾を使用する戦車砲

の縮射訓練と同様に、火砲の射撃および観測などをスケールダウンして模擬できる。1/10スケールで射場構成を行うことと、模擬火砲に空気銃ではなく装薬銃を使うため、訓練の感覚はM3トレーナーよりも実物に近いという。

そして電子式シミュレータは、コンピュータで制御された

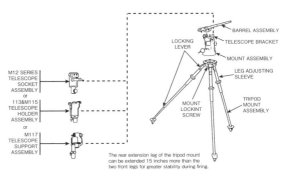

図7-3　M31トレーナーでは、14.5mmボルトアクション・ライフルを使い、縮射で火砲を模擬する（図版：米軍野戦教範より）

訓練機材で、スクリーン投影式が多い。たとえば、**米軍の弾着観測訓練セット「TSFO」は、前進観測員向けに映像による視覚効果と音響効果を重視している。**

8門の155mm榴弾砲を装備した砲兵中隊×4個をシミュレート可能で、目標も機関銃のほか、装輪車両および装軌車両、ヘリコプターなど多彩だ。弾着の景況も、榴弾の着発信管以外にVT信管およびCVT信管、発煙弾および照明弾を模擬できる。このように電子式シミュレータによる訓練は、AI（人工知能プログラム）やVR（ヴァーチャル・リアリティ）技術を取り入れることによって、今後ますます進歩するだろう。

また、陸自の野戦特科部隊では、野外の風景をスクリーンに投影し、「写景図」の作成を訓練する（**写真7-9**）。写景図とは、風景のスケッチに偵察目標までの距離や方向、発見時刻や動向などの情報を記載したものだ。各国軍の斥候や偵察員および観測員などが、写真が存在しなかったころから用いてきた。

昔の写景図は手書きだったが、現代ではデジカメなどで風景を撮影するようになった。また、軍用タブレットなどの携帯情報端末を使い、文字列や部隊符号などの記載情報を追加して部隊に送信できる。これにより、ほぼリアルタイムで情報共有が可能になっているのだ。

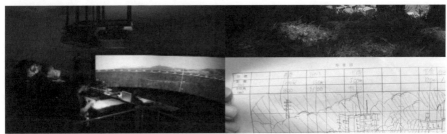

写真7-9　デジカメで撮影した風景をもとに「写景図」を作成し、スクリーンに投影して教育中の様子（左）と、陸自の新隊員が作成した「写景図（右）」。写景図は単なる風景のスケッチではなく、自己位置から目標への方位角や距離なども記載している（写真：防衛庁、陸上自衛隊）

7-2

火砲の研究開発と部隊配備
～火砲の国際共同開発とFH70

　近年、武器・兵器の国際共同開発（以下、共同開発と記述）が盛んだが、その対象は軍用機や艦艇だけとは限らない。戦車や火砲も同様だ。第二次大戦後には、2国間または3カ国以上の共同開発が行われてきた。武器・兵器の発達にともない、その開発費および調達単価は年々上昇傾向にある。たとえ大国であっても、1国で武器・兵器を開発・調達することは、経済的に大きな負担となってきた。そこで、武器・兵器を国産できる国々は、他国と共同開発をするようになる。

　だが、武器・兵器の共同開発は容易ではない。軍用機の場合、特に戦闘機などは各国の要求仕様を一本化できず、開発に失敗することもある。筆者は、空自が英・伊と共同開発中の次期戦闘機も失敗しないかと、不安なほどだ。

　一方で、戦車の共同開発も失敗に終わる例が多い。また、開発に失敗せずとも、各国が妥協した結果、性能的にイマイチだったり、開発に時間を要してすぐに陳腐化することもある。これに対して火砲の共同開発は、各国の要求仕様が大きく異なることはまずないから、比較的容易であろう。

写真7-10　火砲共同開発の成功例、155mm榴弾砲FH70

だが、個々の技術的要素を取りまとめ、1つのシステムとして完結させる「システム・インテグレーション」は意外と難しい。また、ライフサイクル・コストを重視し、費用対効果に優れた火砲とするには、先進的な要素を追求しすぎてもダメだ。弾薬や信管の技術はハイテク化しても、火砲の本体は第二次世界大戦当時と比較して、基本的に変わっていない。

ただし、近年では牽引式の火砲が再評価され、米国の「155mm榴弾砲M777」のようなヘリコプターで運べる軽量な牽引式榴弾砲も登場してきた。戦術上の要求仕様は、時代により国により変化するものだが、流石に時期尚早なのか、**各国とも無人火砲の研究開発は具体化していない。**

このように、155ミリ榴弾砲FH70は、独・英・伊の3カ国により共同開発された火砲である（**写真7-10**）。

各国の要求仕様や運用構想が合致したこともあって、結果的にスムーズに開発が進んだ。量産後は各国に採用され、21世紀の現代でも使用され続けている。ウクライナ軍にも供与され、おおむね好評だという。火砲の共同開発としては、立派な成功例といえるのだ。

7-3

火砲弾薬の補給
（保管・交付・受領）

　火砲の弾薬は、爆風および破片効果による人員の殺傷、敵陣地などの構築物や車両・装備品などの破壊を行うためのものだ。

　弾薬がなくては戦えないし、砲身内で破裂する

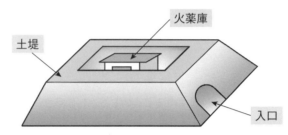

図7-4　地上式火薬庫のイメージ

腔発や、不発などが起きても戦えない。このため、火砲の弾薬は適切な方法により保管・交付・受領する必要がある。では、どのように保管するのか？

　まず、弾薬の保管だが、通常はどこの国でも、**弾薬庫を設けて武器とは別に保管**する。よく、テレビの報道や新聞などで「○○軍の武器庫が大爆発！」などの表現を見かける。しかし、**武器庫には、弾薬が装填されていない小銃や拳銃などの武器しかない**。戦闘車両などの武器は、建物の屋内に入れずに戦闘車両専用の駐車場に止める。

　牽引式榴弾砲なども、専用の駐車場（砲車廠と呼ぶ）に止めておく。もちろん、屋外だ。

このように、弾薬庫には各種のタマやミサイル、ロケット弾、航空爆弾、地雷や爆破薬などの火工品まで、さまざまなものが保管されている。

　小火器用の弾薬なら陸軍の駐屯地や海空軍の基地にもあるが、大規模な弾薬庫はたいてい山奥にあるものだ。弾薬庫を構造と規模で分類すれば、比較的小規模な「地上式火薬庫」（図7-4）、中規模の「覆土式火薬庫（写真7-11）」、大

写真7-11　旧日本陸軍田奈弾薬庫跡の入口。山や丘陵、地形の起伏を利用して、内部をくり抜いた構造の「地中式火薬庫」だが、コンクリート構造を土で覆った「覆土式火薬庫」に近い造りだ

火砲弾薬の補給（保管・交付・受領）

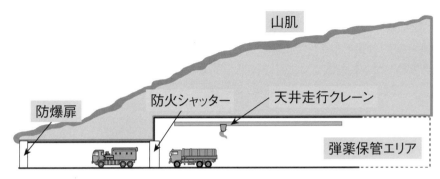

図7-5　地中式火薬庫のイメージ

規模な「地中式火薬庫（図7-5）」に区分できる。また、近年では「地下式火薬庫」も増えてきた。

　これらの弾薬庫は、平時でも戦時でも歩哨が配置されて、カメラや各種センサーで警戒監視は厳重だ。また、万一の火災や爆発に備え、防爆式の照明設備・電気設備と消火装置などがある。また、換気装置や空調設備、搬出入用のクレーンやローラーコンベアもあるが、将来は機械化・省力化・ロボット化が進むだろう。

　駐屯地から遠く離れた山奥にある弾薬庫は、地中式火薬庫であることが多い。山をくり抜いてトンネル状にし、奥深い構造になっている。地中式火薬庫は大規模なものが多く、トラックなどの車両が内部に直接入って弾薬を受領することができる。換気設備はもちろん、空調設備も完備してあり、一見すると核シェルターのような造りだ。

　さらに、国によっては「地下式火薬庫」も建設されている。通常、**地下式火薬庫は地下数十mと地中深くに位置し**、ロシアや中国・北朝鮮には地下百mに達するものまである。このような地下式火薬庫は、地中貫徹爆弾か核爆弾を使用しないと破壊できない。

　ちなみに、外国軍ではときどき弾薬庫が爆発して、軍事マニアのネタになっているほどだ。これに対し、我が日本では戦前こそ2度の爆発事故が発生しているが、戦後の自衛隊では一度も起きていない。

　このように、ひと口に弾薬庫といっても、その規模により弾薬の保

写真7-12　予備自衛官による弾薬搭載・卸下（しゃか）訓練の様子（写真：かのよしのり）

管数量も種類も違う。戦時には、末端の砲兵部隊がこれらの弾薬庫に直接赴いて受領することは稀で、通常はFSA（前方支援地域）と呼ぶ大規模な兵站エリアか、さらに最前線に近いASP（弾薬補給点）へ行く。もっとも、最低限の弾薬なら上級部隊の段列エリアに野外集積してあるので、ここで弾薬の交付・受領を行う（**写真7-12**）。

7-4 火砲弾薬の製造

　以下、米陸軍や自衛隊の弾薬が発注されてから、納入されるまでのプロセスを見ていこう。まず、日本の場合、弾薬類の製造は武器等製造法及び火薬類取締法により、厳しく制限されている。

　これは当然だが、個人または団体が無許可で爆発物などを製造し、テロ行為や破壊活動を行うことを禁ずるためだ。このため国から許可を受けた業者でないと、弾薬類を製

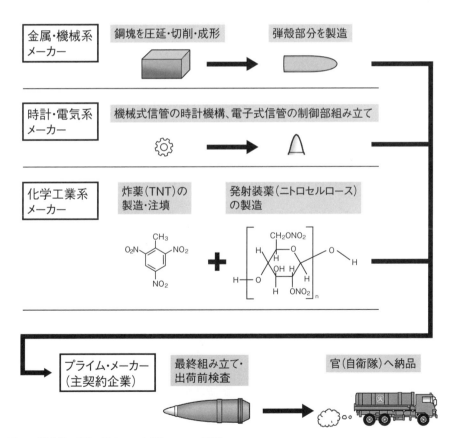

図7-6　弾薬類の製造工程イメージ（例：155mm榴弾）

写真7-13 「155mm榴弾」の弾丸先端に、信管および揚弾栓取りつけ用のネジ山が切られている。この部分の金属屑を除去し、研磨している様子（写真：米陸軍アイオワ弾薬工場）

造できない。外国も同じだ。

さて、その製造工程だが、榴弾砲などの火砲に使われる弾薬であれば、弾丸の弾殻を金属・機械系メーカーが担当して造る（**写真7-13**）。また、信管部分は時計・電気系メーカーの担当だ。そして、炸薬や発射装薬などの火薬類は、化学工業系メーカーが担当する。

こうして各分野の企業により製造された部品は、主契約企業（プライム・メーカー）が担当する**最終組み立ての工程を経て、各種の検査後に完成弾薬として出荷されるのだ**（**図7-6**）。本書を読者が手にするまで、出版社・印刷所・取次・書店など多くの組織と人々が携わっているように、弾薬もまた多くの企業と人々の手により製造されている。

このように、弾薬メーカーは継戦能力の維持向上という観点から、国防に不可欠な存在である。

弾薬の製造は、日本やヨーロッパなど多くの国々では、民間業者が行っている。また、**国によっては国営の陸軍工廠が製造を行う例や、米国がそうだが「半官半民」の場合もある**。つまり、工場は合衆国政府が所有する米陸軍のもので、工員は軍属ですらない民間人という体制だ。

「155mm榴弾」の製造は、どのように行われているのか、米国の弾薬工場を例として以下に述べる。まず炸薬の製造だが、155mm榴弾を例とすれば、まず原材料のTNT（トリニトロトルエン）はドロドロに熱した液状で砲弾（弾殻）に詰める。この工程を「炸薬注填」という（**写真7-14**）。

この作業工程は機械化されているが、米軍の弾薬工場は製造設備が古く、自動化されていない（**写真**

写真7-14 「155mm榴弾」の弾丸に炸薬を注填する作業は機械化されているが、1発ごとに行っているようだ。他国の製造設備では、8発同時に自動注填することが多い
（写真：米陸軍アイオワ弾薬工場）

火砲弾薬の製造

7-15)。

このあたりは米国らしくないのだが、近々に英国の「BAEシステムズ社」が主契約となり、韓国の「ハンファ・エアロスペース社」に製造設備のリニューアルを行わせるという。

こうして炸薬が注填されるが、そのあとに炸薬が冷えて固まる際、きわめて稀に気泡や隙間(「ス」と呼ぶ)ができることがある。

写真7-15 弾薬工場における、弾丸組み立て前の工程。ベルトコンベアによる流れ作業ではあるが、産業用ロボットは導入されていない（写真：米陸軍アイオワ弾薬工場）

すると、タマが砲身内で爆発する「腔発」や、飛翔中に爆発する「過早破裂」が起きることもある。だから、品質管理は重要だ。そこで、**注填後にX線装置で弾丸内部を検査して**、異常の有無を調べなくてはならない。

次に、小銃や拳銃など薬莢式の小火器用弾薬には、発射薬に点火するための雷管がある。この雷管や、榴弾砲などに使う**火管（かかん）の製造**も重要だ。このため、たいていの国では工場に専用の自動製造装置がある。しかし、米軍の弾薬工場は、何十年も前の古い工作機械を使用しているそうだ。

こうして組み立てられた弾薬は、「完成弾」として梱包場へ運ばれる（**写真7-16**）。155mm榴弾の場合、パレット上に垂直状態で載せ、8発でワンセットなのが一般的だ。

写真7-16 「155mm榴弾」の弾丸先端についている、リング状の部品を「揚弾栓」と呼ぶ。ここにフックをかけて、155mm榴弾の完成弾は、梱包場へと運ばれる（写真：米陸軍アイオワ弾薬工場）

120mm戦車砲弾など他の火砲弾薬は、木箱などのケース入りだが、**155mm榴弾は剥きだしのままでも梱包状態である**（**写真7-17**）。

これでは一見、危険ではと不安に思う読者もいるだろう。しかし、**信管のついていない弾薬は、非常に安全なものだ**。工場の床に転倒しても爆発しないし、もし火災で炎に包まれたとしても、中の炸薬がドロドロに溶けて流れだす程度ですむ。とはいえ、モノが弾薬なだけに、ていねいに扱うよう心が

第7章

189

けなくてはならない。

　また、完成弾は、出荷前に各種の検査を実施するが、**所内での「射撃試験」と「静爆試験」も重要**な検査である。各種弾薬や火工品などは、防衛省および自衛隊の要求仕様にもとづき製造される。それをクリアしているか、トンネル状をした所内の射場で実際に射撃して、試験を行う。外国も概ね同じだ。

写真7-17　米陸軍などへ出荷される前の「155mm榴弾」の完成弾。陸自でもそうだが、弾丸は8発単位で梱包され、木製または樹脂製のパレットに垂直状態で載せられる
(写真：米陸軍アイオワ弾薬工場)

　そして、静爆試験壕の中で砲弾を破裂させ、正常に起爆するか、不完全な爆発をしないか調べる。この際、弾片の形成および飛散状況などもチェックするが、昔の日本陸軍は砂井戸の中で静爆試験を行った。

　こうした射撃試験や静爆試験は、**防衛省規格の試験通則に基づいて実施される**が、厳正な安全管理の下で行われている。だから、弾薬メーカーにしても、ユーザーの自衛隊にしても、死傷者がでるような事故は起こらない。ここが諸外国の弾薬メーカーや軍隊との相違点であり、誇れる部分でもあるのだ。諸外国では、弾薬に関係した事故などは、しばしば発生している。

　しかし、そうした事故が皆無に近い日本において、製造工場で爆発が起きたり、弾薬庫が爆発したら一大事になってしまう。明治の建軍以来、戦後の自衛隊に至るまで、弾薬庫の爆発事故は戦前の2回のみなのだ。

イスラエル軍VSハマス 両軍の火砲と砲兵

2023年10月、中東のパレスチナ自治区のガザを実効支配している武装政治団体ハマスは、イスラエル軍を不意に奇襲した。これにイスラエル軍が反撃、本稿執筆中の現在も、両者は戦争状態にある。

では、両者が保有する火砲と砲兵は、どのような状況なのだろうか。まず、イスラエル軍の砲兵部隊だが、米国製の「155mm自走榴

COLUMN4-1 　第55砲兵大隊所属の「155mm自走榴弾砲M109Doher」。DoherとはM109A5に相当するモデルで、英語ならドゥファーと発音するが、ヘブライ語ではドヘルになる（写真：イスラエル国防軍）

弾砲M109」および「M270多連装ロケット弾発射機（MLRS）」などを装備する現役の砲兵旅団4個と、予備役の砲兵旅団4個をもつ（COLUMN4-1）。

イスラエル陸軍といえば、戦車部隊を重視しているイメージがあるだろう。かつてイスラエルは、中東戦争において、戦車中心の戦術である「オールタンク・ドクトリン」を用いて戦った。一見、砲兵部隊を軽視しているように感じるが、そこそこ有力な火砲と練度の高い砲兵をもっている。

しかし、ハマスと戦闘中のイスラエル陸軍で注目すべきは、砲兵部隊でもなく戦車部隊でもない。防空部隊が装備する「アイアンドーム」だ。これは、おもに飛翔中のロケット弾などを迎撃する防空システムで、カウンターRAMに分類されるタミル迎撃ミサイルとレーダー、指揮ユニットからなる。

ミサイルは20連装の発射機が3基、レーダーおよび指揮ユニットが各1基で1個中隊を編成する。これまでハマスは、数千発のロケット弾をイスラエルに撃ち込んだが、そのうち75～90％を撃墜したという（COLUMN図4-1）。

また、アイアンドームは、榴弾砲や迫撃砲のタマも撃墜できるそうだが、いくら高性能でも、飽和攻撃に対しては撃ち漏らしもでてくるだろう。だから、決して費用対効果はよくない。

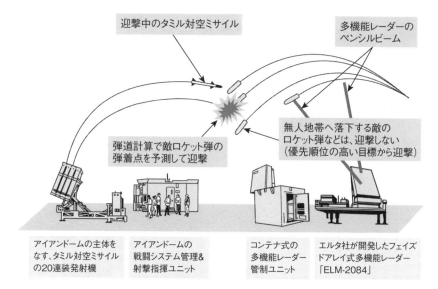

COLUMN図4-1　アイアンドームの迎撃イメージ

　だがイスラエルにしてみれば、弾着による市民や軍人の犠牲と、建物などの被害による経済的損失を迎撃コストと比較すれば、安いものだといえる。

　一方のハマスだが、武装政治団体とは思えないほど、有力な武器・兵器をもつ。また、兵力も戦闘員だけで最大4万人のほか、武装工作員などの支援要員も多数を擁している。

　英国の国際戦略研究所が毎年刊行しているミリタリーバランス2023年版によれば、イスラエル陸軍の兵力は12万6千人だから、ハマスを侮れないだろう。

　ハマスは、大口径の榴弾砲こそほとんどもっていないが、代わりに各種のロケット弾発射機と迫撃砲を多数装備している。ハマスには「イズディーン・アル＝カッサーム旅団」という軍事部門があり、正規軍並みの武器・兵器をもつ。

　たとえば、イランが支援する武装テロ組織「ヒズボラ」から供与された、旧ソ連およびロシアの「BM-21自走ロケット弾発射機」も保有する(**COLUMN4-2**)。さらに、簡素な手作りロケット弾発射

COLUMN4-2　ハマスは、旧ソ連およびロシア製の「BM-21自走多連装ロケット弾発射機」をもつ（出典：Wikipedia）

イスラエル軍VSハマス 両軍の火砲と砲兵

機の「カッサーム」に至っては、無数にあるといわれており、保有数はわからない（COLUMN4-3）。

ハマスは、武器・兵器の性能と兵士の練度でイスラエルに劣っていることを自覚している。だからこそ、ロケット弾による飽和攻撃など、非対象戦術でイスラエルと戦うのだ。

COLUMN4-3　ハマスの簡素なロケット弾発射機「カッサーム」。射程は数kmからせいぜい十数kmだが、性能はともかく無数に保有している点で、イスラエルにはやっかいな存在であろう
（写真：イスラエル国防軍）

あとがき

　拙著『陸上自衛隊 戦車戦術マニュアル』(秀和システム 刊) の「あとがき」におい
て、陸自機甲科出身のライターが書いたなら、より説得力がある本になるだろう
と述べた。筆者は陸自航空科の出身であり、戦車の操縦経験はもとより、整備の
経験すらないからだ。

　その後、元戦車乗りの伊藤学氏が『永遠の74式戦車』(並木書房 刊) を世にだす。
伊藤氏は、筆者と同様に2曹で退職したようだが、10年以上の陸上自衛隊勤務歴
がある。やはり、経験者の著した本は説得力が違う。そうした伊藤氏に比べ、筆
者が戦車を語るには力量不足は否めなかったと思うのだ。

　本書は、野戦特科出身でない筆者が、特科部隊などに取材して、一般公開情報
をもとに書き上げたものである。もちろん執筆にあたっては、正確を期したつも
りだ。本書の内容に関して誤りがあるならば、それは筆者の責任である。

　とはいえ、火砲に関する本は少ない。歴史や構造機能、戦術など現代砲兵の運
用をひととおり網羅したものは、本書が初だと自負している。できれば今後、「元
砲兵」の若きライターが出現し、火砲に関してより説得力のある一冊を上梓しても
らいたいものだ。

あかぎ ひろゆき

＜主要参考文献＞

『米陸軍野戦教範 FM 6-2 Artillery Survey』(米国防総省 刊)

『米陸軍野戦教範 FM6-40 Artillery Cannon Gunnery』(米国防総省 刊)

『米陸軍野戦教範 FM 6-21 Division Artillery』(米国防総省 刊)

『米陸軍野戦教範 FM 6-122 Field Artillery Sound Ranging and Flash Ranging』(米国防総省 刊)

『米陸軍技術教範 TM 6-225 Field Artillery Trainer M3』(米国防総省 刊)

『日本砲兵史』(陸上自衛隊富士学校特科会 編／原書房 刊)

『重火器の科学』(かの よしのり 著／SB クリエイティブ 刊)

『第二次世界大戦ブックス 大砲撃戦』(イアン・V フォッグ 著／サンケイ出版 刊)

『防衛技術ジャーナル(各号)』(防衛技術協会 刊)

『現代戦争史概説(上・下巻)』(陸戦学会 刊)

『戦闘戦史(前・後編)』(陸上自衛隊富士学校修親会 刊)

『初級戦術の要諦』(陸戦学会 刊)

『陸戦研究(各号)』(陸戦学会 刊)

『各国陸軍の教範を読む』(田村尚也 著／イカロス出版 刊)

※その他、多数の市販図書および各Webサイトを参考とさせていただきました

索引

英数字

ABCS ……………………………………74
AFATDS …………………………………74
BTG…………………………………………46
CP …………………………………… 110
FADAC ……………………………………73
FCS ……………………………… 73、151
FDC…………………… 108、111、163
HALO …………………………………… 143
HIMARS………… 24、79、94、170
INS …………………………………… 127
MGRS …………………………………… 141
MLRS ……………………………24、94
MOS ………………………………………13
PADS ………………………………… 127
PDS………………………………………… 150
RMA ………………………………………73
Split Block Breech ……………66
TNT…………………………………………89
UTM座標 ………………………… 141
VT信管 ………………………………42

あ行

アイアンドーム ………………… 173、191
戦砲撃隊……………………………… 101
射向付与……………………………… 132
ウクライナ・ロシア戦争 ……………25
エアシー・バトル構想…………… 122

エアランド・バトル構想………… 121
液バネ式………………………………61
掩体壕…………………………………39
大筒…………………………………………10
音源標定………………………………… 142

か行

海空主体作戦…………………………… 122
隔螺式閉鎖機……………………………63
火箭…………………………………………29
仮想レーダーシート………………… 145
滑腔砲………………………………………23
各個戦術………………………………… 121
加農砲……………………15、34、94
火砲……………………………10、29
火薬…………………………………………28
火力支援……………………………………22
カロネード砲………………………………32
間接照準射撃……………………… 23、129
偽装・隠蔽マニュアル…………………49
機動防空隊………………………………… 140
騎兵砲………………………………………22
脚…………………………………………………69
キャタピラ………………………………78
夾叉法…………………………………… 152
経空脅威……………………………… 136
空地一体作戦…………………………… 121
鎖栓式閉鎖機……………………………65

索引

クックオフ·················56
クラスター弾················80
グリヴォーバル・システム··········34
車卸····················110
クロス・ドメイン・オペレーション ··· 122
牽引式火砲·················18
牽引式榴弾砲················52
牽引車···················75
原子砲···················43
行軍····················104
行軍加入点·················106
口径····················54
攻撃準備射撃················158
行進長径··················106
後装式火砲·················37
高速牽引車·················75
広帯域多目的無線機············107
コータム··················107
黒色火薬··················88

さ行

散開····················37
三角測量··················123
三者連携訓練···············180
山砲····················20
残留応力··················53
自緊砲身··················53
歯弧式···················58
自然発火··················56
自走式火砲·················19
自走砲···················41
自爆型···················25
市販ドローン·········· 25、116、129
射撃指揮所··········108、111、163

射撃指揮装置···············151
射撃銃制装置···············73
射撃陣地··················113
射撃図···················165
車軸式···················71
射弾散布··················152
ジャマー··················117
車輪····················72
重火器···················12
照準方法··················23
照明弾···················157
擾乱射撃··················158
信管····················83
推進補給··················178
ステアリング装置·············71
請求補給··················178
斉射····················155
精密破壊射撃···············151
セオドライト···············124
戦車跨乗··················77
全装薬···················91
戦闘教義··················120
全領域作戦·················121
操向装置··················71
層成砲身··················53
装薬····················88
装輪式牽引車···············75

た行

対空情報··················137
大隊戦術群·················46
対砲迫レーダー··············145
台湾有事··················166
弾帯····················82

段隔螺式閉鎖機⋯⋯⋯⋯⋯⋯⋯64

単肉自緊砲身⋯⋯⋯⋯⋯⋯⋯⋯53

弾薬⋯⋯⋯⋯⋯⋯⋯⋯⋯⋯⋯⋯82

単螺式⋯⋯⋯⋯⋯⋯⋯⋯⋯⋯58

地下式火薬庫⋯⋯⋯⋯⋯⋯ 185

地上式火薬庫⋯⋯⋯⋯⋯⋯ 184

地中式火薬庫⋯⋯⋯⋯⋯⋯ 184

駐鋤⋯⋯⋯⋯⋯⋯⋯⋯⋯⋯⋯69

中隊基準砲⋯⋯⋯⋯⋯⋯⋯ 114

中隊基準砲⋯⋯⋯⋯⋯⋯⋯ 151

駐退複座装置⋯⋯⋯⋯⋯⋯⋯61

超過射撃⋯⋯⋯⋯⋯⋯⋯⋯ 159

直接照準射撃⋯⋯⋯⋯⋯⋯⋯23

直協支援⋯⋯⋯⋯⋯⋯⋯⋯⋯22

追撃砲弾⋯⋯⋯⋯⋯⋯⋯⋯⋯94

梯隊⋯⋯⋯⋯⋯⋯⋯⋯⋯⋯ 106

展開地変換⋯⋯⋯⋯⋯⋯⋯ 111

点火母線⋯⋯⋯⋯⋯⋯⋯⋯⋯97

電気信管⋯⋯⋯⋯⋯⋯⋯⋯⋯97

電子信管⋯⋯⋯⋯⋯⋯⋯⋯⋯84

電磁砲⋯⋯⋯⋯⋯⋯⋯⋯⋯⋯11

点蝕⋯⋯⋯⋯⋯⋯⋯⋯⋯⋯⋯54

導火線⋯⋯⋯⋯⋯⋯⋯⋯⋯⋯97

統合対空信管⋯⋯⋯⋯⋯⋯ 139

導爆線⋯⋯⋯⋯⋯⋯⋯⋯⋯⋯97

ドクトリン⋯⋯⋯⋯⋯⋯⋯ 120

特科⋯⋯⋯⋯⋯⋯⋯⋯⋯⋯⋯13

突撃支援射撃⋯⋯⋯⋯⋯⋯ 159

突撃破砕射撃⋯⋯⋯⋯⋯⋯ 160

突撃部隊⋯⋯⋯⋯⋯⋯⋯⋯⋯47

共食い整備⋯⋯⋯⋯⋯⋯⋯ 178

トラバース測量⋯⋯⋯⋯⋯ 123

ドローン用妨害装置⋯⋯⋯ 117

な行

燃焼⋯⋯⋯⋯⋯⋯⋯⋯⋯⋯⋯90

は行

ハイ・ロー・ミックス⋯⋯⋯⋯19

徘徊自爆型⋯⋯⋯⋯⋯⋯⋯⋯25

爆轟⋯⋯⋯⋯⋯⋯⋯⋯⋯⋯⋯90

発火器⋯⋯⋯⋯⋯⋯⋯⋯⋯⋯97

発動⋯⋯⋯⋯⋯⋯⋯⋯⋯⋯ 161

パノラマ眼鏡⋯⋯⋯⋯ 73、133

ハマス⋯⋯⋯⋯⋯⋯⋯⋯⋯ 191

反覘法⋯⋯⋯⋯⋯⋯⋯⋯⋯ 135

ヒズボラ⋯⋯⋯⋯⋯⋯⋯⋯ 192

火光標定⋯⋯⋯⋯⋯⋯⋯⋯ 142

標桿⋯⋯⋯⋯⋯⋯⋯⋯⋯⋯ 124

標定⋯⋯⋯⋯⋯⋯⋯⋯⋯⋯ 141

ピントル式⋯⋯⋯⋯⋯⋯⋯⋯71

俯仰装置⋯⋯⋯⋯⋯⋯⋯⋯⋯58

覆土式火薬庫⋯⋯⋯⋯⋯⋯ 184

複螺式⋯⋯⋯⋯⋯⋯⋯⋯⋯⋯58

部隊戦術⋯⋯⋯⋯⋯⋯⋯⋯ 121

不発弾⋯⋯⋯⋯⋯⋯⋯⋯⋯⋯96

分離装填弾⋯⋯⋯⋯⋯ 64、86

平衡機⋯⋯⋯⋯⋯⋯⋯⋯⋯⋯59

閉鎖機⋯⋯⋯⋯⋯⋯⋯⋯⋯⋯63

兵站⋯⋯⋯⋯⋯⋯⋯⋯⋯⋯ 176

ヘリコプター⋯⋯⋯⋯⋯⋯ 148

偏差法⋯⋯⋯⋯⋯⋯⋯⋯⋯ 152

ペンシルビーム⋯⋯⋯⋯⋯ 145

砲⋯⋯⋯⋯⋯⋯⋯⋯⋯⋯⋯⋯11

砲架⋯⋯⋯⋯⋯⋯⋯⋯⋯⋯⋯67

砲金⋯⋯⋯⋯⋯⋯⋯⋯⋯⋯⋯53

防空砲兵⋯⋯⋯⋯⋯⋯⋯⋯⋯13

砲口制退機······························56
方向装置································71
方向盤·······························133
砲煩武器································11
砲車廠·······························184
砲兵··································13
砲兵科································13
砲兵部隊·······························100
砲列ピン·······························165
歩兵砲································21

領域横断作戦···························122
リングギア式·····························71
冷間鍛造································53
レールガン·······························11
列車砲································41
ロケット弾·······························78
ロケット弾発射機·························15

ま行

マズル・ブレーキ···························56
マッチ箱訓練·····························179
マルチ・ドメイン・オペレーション ··· 121
操砲··································34
溝···································54
無煙火薬·····························38、88
ムカデ砲································45
面制圧································79

や行

焼蝕··································54
薬嚢··································88
野戦砲兵································13
揺架··································67

ら行

螺旋式閉鎖機·····························63
履帯··································78
榴弾························ 16、82、94、188
榴弾砲·····························15、91

■著者紹介

あかぎ ひろゆき

昭和60年、陸上自衛隊第5普通科連隊に入隊。新隊員前期教育課程を受ける。東北方面航空隊にて新隊員後期教育課程、その後、東北方面飛行隊に配属。以後、武器補給処航空部、補給統制本部航空部、関東補給処航空部に勤務、平成15年に腰痛のため、2等陸曹で依願退職。第31普通科連隊、東部方面後方支援隊第302弾薬中隊の即応予備自衛官としても勤務しつつ、執筆活動を行う。現在は、即応予備自衛官を定年となり、ただの予備自衛官。著書に『図解入門 最新 戦車がよ〜くわかる本』『陸上自衛隊戦車戦術マニュアル』『幻の日本陸軍中戦車 チト＋チヌ／チリマニアックス』(秀和システム) などがある。

■監修者紹介

かの よしのり

1950年生まれ。自衛隊霞ヶ浦航空学校出身。北部方面隊勤務後、武器補給処技術課研究班勤務。2004年定年退官。著書に『銃 大全』『歩兵の戦う技術』『狙撃の科学』『銃の科学』『ミサイルの科学』(SBクリエイティブ)、『スナイパー入門』(潮書房光人新社) などがある。

【イラスト】 箭内祐士

現代陸上戦(げんだいりくじょうせん)
火砲(かほう)・弾薬(だんやく)・砲兵運用(ほうへいうんよう)マニュアル

発行日	2024年11月1日	第1版第1刷

著　者　あかぎ ひろゆき
監　修　かの よしのり

発行者　斉藤　和邦
発行所　株式会社 秀和システム
〒135-0016
東京都江東区東陽2-4-2 新宮ビル2F
Tel 03-6264-3105（販売）Fax 03-6264-3094
印刷所　日経印刷株式会社　　　　Printed in Japan
ISBN978-4-7980-7312-5 C0031

定価はカバーに表示してあります。
乱丁本・落丁本はお取りかえいたします。
本書に関するご質問については、ご質問の内容と住所、氏名、電話番号を明記のうえ、当社編集部宛FAXまたは書面にてお送りください。お電話によるご質問は受け付けておりませんのであらかじめご了承ください。